土工测试技术与土遗址保护

杨振威　任克彬　尹　松　编著

黄河水利出版社
·郑州·

内 容 提 要

土工测试技术与土遗址保护是从事土遗址保护与加固工程勘察、设计和施工工作所必须掌握的基本知识,也是融合土工试验技术与土遗址本体材料性能评价方法的桥梁与纽带。本书主要包括绪论、土样采集和试样制备、遗址土的基本物理力学性质试验、非饱和土力学试验、土的化学成分试验、土的微观结构测试、工程实例等。

本书可作为文物保护科学、考古科学及岩土工程相关专业研究生与高年级本科生教材,也可为岩土工程相关的土遗址保护与加固专业技术人员提供技术参考。

图书在版编目(CIP)数据

土工测试技术与土遗址保护/杨振威,任克彬,尹松编著. —郑州:黄河水利出版社,2019.8
ISBN 978 - 7 - 5509 - 2505 - 2

Ⅰ.①土⋯ Ⅱ.①杨⋯ ②任⋯ ③尹⋯ Ⅲ.①土工试验②土质 - 文化遗址 - 文物保护 Ⅳ.①TU41②K85

中国版本图书馆 CIP 数据核字(2019)第 202307 号

组稿编辑:王志宽 电话:0371-66024331 E-mail:wangzhikuan83@126.com

出 版 社:黄河水利出版社　　　　　　　　　　　网址:www.yrcp.com
　　　　　地址:河南省郑州市顺河路黄委会综合楼 14 层　　邮政编码:450003
发行单位:黄河水利出版社
　　　　　发行部电话:0371 - 66026940、66020550、66028024、66022620(传真)
　　　　　E-mail:hhslcbs@126.com
承印单位:河南瑞之光印刷股份有限公司
开本:787 mm × 1 092 mm　1/16
印张:14.75
字数:341 千字　　　　　　　　　　　　　　印数:1—1 000
版次:2019 年 8 月第 1 版　　　　　　　　　　印次:2019 年 8 月第 1 次印刷

定价:96.00 元

前　言

　　土遗址是以土为主要建筑材料的具有历史、文化和科学价值的古遗址。作为我国文物的重要组成部分，承载着我国历代政治、经济、艺术、建筑、科技等方面的重要信息，是历史留给中国乃至世界的无价瑰宝。由于土遗址属土质构筑物，而土是自然界的产物，其形成过程、物质成分以及工程特性是极为复杂的，较其他材质文物而言相对脆弱，受水蚀、风蚀、冻融侵蚀及人类活动等作用影响显著，容易遭到破坏。相比可移动文物而言，土遗址往往体量及规模庞大，保存状况差异明显。作为一个世界性难题，土遗址的保护问题已经被国内外广大文物保护工作者所重视。我国在这一领域也有了长足发展，但是仍存在与国家建设的高速发展不适应，相对其他类型文物保护工作滞后的问题。

　　土遗址保护与加固所涉及的学科范围较为广泛，如考古科学、建筑历史及岩土工程等，所以需要融合多学科相关理论知识，精准评价，科学指导。不能仅着眼于对病害现状的观察、分类和简单的定性描述，应该结合土工测试技术，对遗址本体进行系统的试验研究和定量分析。有针对性地评价土遗址本体的力学性能，对土遗址的病害现状及致害机制进行深入分析。

　　土工测试技术是土力学与岩土工程研究和应用的基础，也是论证土力学理论、优化岩土工程设计的有效手段。土遗址保护与加固中，可借鉴岩土工程中相关设计理论及土体评价方法，合理运用土工试验技术。本书主要从土遗址保护与加固工程中常用的土工测试技术入手，着重介绍了土的基本物理力学性质试验、土的化学及矿物组成分析、土的微观结构分析等相关内容，给出了应用土工测试参数进行土遗址数值仿真分析的工程实例。其中，第1章介绍了土工试验的对象和作用，叙述了土遗址保护工作中土工试验的内容、目的及注意事项；第2章对影响取样质量的因素、取样质量等级评价及具体的取样方法进行了详细介绍，并叙述了干湿及冻融循环试样的制备方法；第3章对原状及重塑土的基本物理力学性质试验原理、方法及要点进行了详细介绍，重点叙述了颗粒分析试验、界限含水率试验、固结试验、直接剪切试验及三轴剪切试验；第4章以非饱和土抗剪强度理论为主线，重点介绍了非饱和土土—水特征曲线试验、非饱和土直接剪切试验及非饱和土三轴剪切试验的具体试验方法及步骤；第5章根据土遗址的表面病害特征及敏感因素，详细介绍了土的酸碱度、烧失量、有机质含量、易溶盐成分、中溶盐成分及难溶盐成分测试的试验内容与方法；第6章主要介绍了常用的土体微观结构测试方法，包括扫描电镜法、压汞法及核磁共振试验方法；第7章以郑韩故城的保护加固工程为背景，介绍了土遗址本体土工测试参数在古城墙稳定性分析中的应用实例。

　　本书前言、第1章、第2章及第3章由中原工学院尹松编写；第4章、第5章及第6章由河南省文物建筑保护研究院任克彬编写；第7章由河南省文物建筑保护研究院杨振威编写。全书由杨振威、任克彬负责校审与统稿。同时，中原工学院李新明、卢天佑、刘晨辉、路广远、刘彭彭、付英杰及白林杰为本书的资料收集与整理也做了大量的工作。

　　本书在编辑出版过程中,得到了黄河水利出版社的大力帮助和支持,在此表示感谢。

　　由于受到作者知识面、资料收集面和理解分析及理论水平的限制,书中不妥之处在所难免,希望读者在发现后及时给予指正,作者将不胜感激。

编　者

2019 年 6 月

目　录

第1章　绪　论 …………………………………………………………… (1)

1.1　土工试验的对象和作用 ……………………………………… (1)

1.2　土遗址保护工作中土工测试技术的内容与目的 …………… (3)

1.3　土遗址本体土工试验注意事项 ……………………………… (4)

第2章　土样采集和试样制备 …………………………………………… (5)

2.1　影响取样质量的因素 ………………………………………… (5)

2.2　取样质量等级 ………………………………………………… (5)

2.3　取样方法 ……………………………………………………… (6)

2.4　土样的一般要求 ……………………………………………… (6)

2.5　土样的准备 …………………………………………………… (6)

2.6　干湿循环土样制备试验 ……………………………………… (11)

2.7　冻融循环土样制备试验 ……………………………………… (12)

第3章　遗址土的基本物理力学性质试验 ……………………………… (14)

3.1　土的含水率试验 ……………………………………………… (14)

3.2　密度试验 ……………………………………………………… (18)

3.3　比重试验 ……………………………………………………… (23)

3.4　土的颗粒分析试验 …………………………………………… (26)

3.5　界限含水率试验 ……………………………………………… (37)

3.6　砂的相对密度试验 …………………………………………… (40)

3.7　击实试验 ……………………………………………………… (43)

3.8　土的收缩试验 ………………………………………………… (49)

3.9　土的毛细上升高度试验 ……………………………………… (52)

3.10　崩解试验 …………………………………………………… (55)

3.11　渗透试验 …………………………………………………… (56)

3.12　湿陷性试验 ………………………………………………… (60)

3.13　一维固结压缩试验 ………………………………………… (63)

3.14　直接剪切试验 ……………………………………………… (69)

3.15　三轴剪切试验 ……………………………………………… (73)

3.16　无侧限抗压强度试验 ……………………………………… (84)

第4章　非饱和土力学试验 ……………………………………………… (89)

4.1　非饱和土土—水特征曲线试验 ……………………………… (89)

4.2　非饱和土抗剪强度理论 ……………………………………… (96)

4.3　非饱和土直接剪切试验 ……………………………………… (98)

4.4　非饱和土三轴剪切试验 ……………………………………………… (100)

第5章　土的化学成分试验 ……………………………………………… (106)

5.1　酸碱度试验 …………………………………………………………… (106)

5.2　烧失量试验 …………………………………………………………… (107)

5.3　有机质含量试验 ……………………………………………………… (109)

5.4　易溶盐成分影响试验 ………………………………………………… (112)

5.5　中溶盐成分影响试验 ………………………………………………… (114)

5.6　难溶盐成分影响试验 ………………………………………………… (117)

第6章　土的微观结构测试 ……………………………………………… (120)

6.1　热分析技术 …………………………………………………………… (120)

6.2　X 射线衍射试验 ……………………………………………………… (125)

6.3　扫描电子显微镜试验 ………………………………………………… (127)

6.4　压汞试验 ……………………………………………………………… (134)

6.5　核磁共振试验 ………………………………………………………… (139)

第7章　工程实例 ………………………………………………………… (148)

7.1　郑韩故城概况 ………………………………………………………… (148)

7.2　郑韩故城北城墙中段分段信息及保护现状 ………………………… (151)

7.3　郑韩故城本体土工测试及分析 ……………………………………… (154)

7.4　土工测试参数在古城墙稳定性分析中的应用 ……………………… (196)

参考文献 ………………………………………………………………… (229)

第 1 章 绪 论

1.1 土工试验的对象和作用

土遗址是指人类历史上以土为主要材料而建造的具有历史、艺术、科学、社会及文化价值的文化遗产。我国是世界文明古国之一,拥有悠久的历史和灿烂的文化,境内的土遗址从石器时代延绵至近代,是悠久历史及灿烂文化的重要载体,是中华文明的实物例证。如长江中下游的良渚遗址,长江流域的河姆渡遗址,中原地区的大河村遗址,甘肃境内的大地湾遗址,新疆境内的交河故城,蜿蜒我国北部的长城遗址及其关堡、烽燧等附属设施均为我国优秀土遗址的典型代表。然而,这些遗址历经千百年的风吹雨蚀,加上近年来人类活动的频繁干预,保存状况不容乐观。

土遗址保护,是指为保存土遗址实物遗存及其历史环境而进行的全部活动。土遗址保护科学就是把现代科学技术成果转化为有效防止和减缓土遗址在自然环境作用下损毁的一门综合性应用科学。其研究的对象有土遗址的赋存环境、土遗址的病害、土遗址的建筑形制、土遗址的价值评估。涉及学科范围较为广泛,如考古科学、建筑历史、土木工程及管理科学等,需要融合多学科相关理论知识,精准评价,科学指导。从技术方面讲,就是通过物理的、化学的、生物的或者其相互结合的方法,增强土遗址本身的抵抗不良外在环境的能力及改善土遗址的保存环境,使土遗址能长久保存,为当前及将来利用;从管理方面讲,就是制定土遗址保护的政策、法律法规、法令及原则,加强对土遗址文物的管理,延长土遗址的寿命。土遗址保护工作的主要特点如下:

(1)分布广,保护难度大。

土遗址在全国范围内都有分布,遍布长江流域和黄河流域,由于保存的外在环境和内在环境各不相同,造成土遗址的保护难度大。

(2)土遗址类型多,组成复杂。

土遗址数量大,种类多,组成复杂,按照不同类别有不同的种类。按照保护的角度,分为室外土遗址和室内土遗址;从用途和形式上,分为古人类居住遗址、古城遗址、陵墓遗址、古化石地层遗址、长城、关隘、烽燧及土塔遗址、坑、穴、窑、窖遗址、革命遗址及革命纪念物遗址、其他遗址等。

(3)病害种类繁多,涉及学科范围较广。

由于环境和人为作用,土遗址病害种类繁多,保护涉及物理学、化学、生物、土木工程等学科。

(4)保护起步较晚。

我国土遗址保护工作起步相对较晚,在土遗址本体性能评价及加固方案设计领域资历尚浅。

　　土,由于随处可见、成本低廉和使用简单,是人类最早接触和最易获得的材料,在人类的早期活动中已普遍使用,在古代建筑的发展和演化过程中一直扮演着重要的角色。在18世纪中叶至20世纪初期,随着工程建设的迅猛发展,许多学者相继总结前人和自己的实践经验,发表了迄今仍然行之有效的关于土力学方面的重要研究成果。1925年土力学成为一门完整、独立的学科。土工试验是土力学研究中的重要手段,也是人们认识土的性质的必备手段之一。从土力学的发展历史及过程来看,土力学也可归纳为试验力学,如库仑(Coulomb)定律、达西(Darcy)定律、普洛特(Proctor)压实理论及描述土的应力—应变关系的双曲线模型等,无一不是通过对土的各种性能指标进行系统测试和分析而建立起来的。所以,土工试验是通过对土的工程性质进行测试,获得土的物理特性、力学特性、渗透特性及动力性能等指标,以充分了解和掌握土体的物理和力学性质,从而为场地岩土工程条件的正确评价提供依据,为工程设计和施工提供参数,是土质材料相关工程活动的基础性工作。即使在计算机及计算技术高度发达的今天,可以把复杂的弹塑性应力—应变纳入岩土工程的变形与稳定计算中去,但是土体工程特性表征参数的正确测定对于这些计算模型的建立以及模型参数的确定同样起到决定性作用。

　　作为土遗址的主要建筑材料和骨架,不论是生土、夯土,还是土坯,由于其经历物理、化学、生物风化作用以及剥蚀、搬运、沉积作用,成因复杂,组成多样。一般都由固体、液体和气体三相物质组成,其中土的固相主要是由大小不同、形状各异的多种矿物颗粒构成的,固体颗粒的大小和形状、矿物成分及组成情况对土的物理力学性质有很大的影响。全面认识和了解土遗址本体的力学性能及其劣化机制对于土遗址保护与加固工程具有重要的意义。而对于土遗址的认识,过去往往是通过考古手段来了解其历史背景、研究价值及传统工艺等方面的信息,对于遗址本体主要构成材料(土)的认识,多基于其表面观察与评价,难以对土遗址本体力学性能及微观结构的改变进行定量描述。土工测试技术是利用土力学的基本原理,测试土的物理性质以及受力后发生变化时的变形、强度、渗流等特性的一项专业技术。其研究对象就是土体本身及其在外界环境影响下的变化趋势。因此,可通过现代土工测试技术来获取土遗址本体的相关信息,从而全面了解土遗址本体的力学特性和变化趋势,为土遗址的科学保护提供技术支持和理论依据。

　　近年来,国内学者已通过土工测试技术对遗址土的性质进行了大量研究,主要集中在遗址土的基本物理性质、水理性质、热物理性质、力学性质及动力学性质等方面。对于基本物理性质的研究主要集中于粒度、密度、含水率及孔隙率等方面;对于遗址土的水理性质主要是研究它的崩解性;对于热物理性质,主要集中于热物理参数的测定及热劣化等方面的研究;对于力学性质的研究,主要为抗压强度和抗剪强度的研究,同一种遗址土,由于其建造环境、泥土来源等因素的影响,其力学性能也具有一定的离散性。此外,易溶盐的研究也是近年来研究的热点问题,主要集中于含盐量及盐分对遗址土性质的影响等方面。

　　本书基于广泛的土遗址实地调研资料、典型土遗址本体力学性能评价案例及相关土遗址保护文献资料,在分类和整理的基础上,较为全面地总结和梳理了关于土遗址保护和加固的土工测试技术,为我国从事土遗址保护科学研究、工程设计及现场施工人员提供参考和借鉴。

1.2　土遗址保护工作中土工测试技术的内容与目的

土工测试技术主要可分为土的基本物理力学性质试验、土的化学组成分析、土的矿物组成分析、土的特殊性质试验及土的微观结构测试。土遗址本体赋存状态及敏感因素的评价往往需要结合多种试验指标综合评价,合理分析。

1.2.1　土的物理力学性质试验

土的基本物理力学性质试验包括密度试验、比重试验、含水量试验、界限含水率试验、渗透试验、颗粒级配分析、孔隙特征分析、击实试验、直接剪切试验、一维固结压缩试验等。土的基本物性指标可以在一定程度上反映土遗址本体的赋存状况。例如,天然含水率指标可反映土的干湿程度,它的变化将使土的一系列物理力学性质随之改变;土的密度则直接反映了土体内部结构的密实情况,是土的物质组成和结构特征的综合反映;土的比重则反映了土中各种矿物比重的平均值,其值的大小与组成土的矿物种类及其含量有着密切的关系;而颗粒分析数据则反映了土中最主要、最稳定的成分——固体颗粒的大小组成情况,土的粒径大小变化与土的工程地质特性有着密切的联系,据此可以将土进行分类,以初步判断土的透水性、可塑性、收缩性等相关指标,也是评价天然土质好坏和质量的重要标准。通过对土遗址本体物理性状的合理评判,有助于了解遗址本体固态、气态、液态三相之间的比例关系及变化趋势,从而正确评价遗址本体土质的类别及主要环境敏感因素,合理设计防护措施,进行针对性保护。土的力学性能试验可以直接或间接地测试得到土遗址本体的最优含水率,最大干密度,抗剪强度及强度指标 c、φ 值等,为土遗址保护工程提供与土有关的设计参数(如渗透系数、变形参数、固结系数、抗剪强度指标、静止侧压力系数等),为定量评价夯土质量及土体稳定性提供基本参数。

1.2.2　土的化学组成分析

土的化学组成分析中一般包括测定土中易溶盐、石膏和难溶盐的种类、含量等。遗址土的化学组成分析可为土遗址表面的酸碱度判别、盐分聚集带划分及酥碱病害的防治提供数据资料。

1.2.3　土的矿物组成分析

土的矿物组成分析主要是测定和分析黏土矿物及伴存矿物的类型,一般采用差热分析和 X 射线衍射分析方法。土的矿物组成差异能够反映出成土过程中的环境气候影响条件,有助于判别土遗址的风化程度和影响因素。

1.2.4　土的特殊性质试验

土的特殊性质试验包括黄土湿陷试验、膨胀率试验、收缩试验、有机质试验等。通过土的特殊性质试验,可了解土的水敏特性、胀缩性及稳定程度,为土遗址保护与加固工程中优质土源的选取提供参数支持。

1.2.5　土的微观结构测试

土的微观结构测试主要包括土体微观结构的扫描电镜测试(SEM)、压汞试验(MIP)及核磁共振试验(NMR)等。土的微观结构改变是引起土体力学特性发生改变的重要因素。结合土的宏观物理力学试验,对土的微观结构、孔隙分布特征进行描述,有助于深入认识遗址土工程性质的本质与机制。

1.3　土遗址本体土工试验注意事项

经过广大研究者们的共同探讨和研究,土工试验理论和技术已经得到了长足发展,相关技术规程或实践方法已较为成熟。结合土遗址保护与加固工程的实际需要,将土工试验技术与土遗址本体性能评价有机融合,可大大提高土遗址保护的科学性和有效性。但应注意,土工试验相关技术规程往往是针对具体的工程类别而言的,不同类别土工试验规程不得相互套用。土遗址保护工程中所涉及的试验原理和方法还应结合土遗址的相关保护原则和技术规范(如《土遗址保护工程勘察规范》(WW/T 0040—2012)、《土遗址保护试验技术规范》(WW/T 0039—2012)),有选择地进行借鉴和应用。此外,土工试验是一项较为专业的测试工作,不但要求有专业的试验场地,对于测试人员的专业素养也有一定的要求。对于土遗址保护工作的相关试验人员来说,应了解文物保护相关的法律法规及基本原则,熟知土遗址保护工程的相关规程,理解试验目的和试验结果背后的意义,能够通过土工试验为土遗址保护与加固工程提供定量化的参数支持,利用现代化的科学技术手段和土力学相关理论实现保护文化遗产的目的。

第 2 章　土样采集和试样制备

土遗址的保护和加固工程中,为分析土遗址本体的物理力学性状及其赋存地质条件,需要从土遗址现场采集土样,运输送达专业土工实验室进行相关指标测试。为了保证试验土样结构、密度和含水率与遗址本体或目标土样的一致性,需采用规范的取土和制样方法,确保试验数据的可靠性。

2.1　影响取样质量的因素

取土质量对于土的性状评价及工程可靠性分析起着至关重要的作用。取土质量无法保证将直接影响土工试验结果的精确性,难以反映土遗址本体真实的物理力学性状。取土工作中影响取土质量的因素如表 2-1 所示。

表 2-1　影响取土质量的因素

因素	说明
应力变化	(1)钻探操作工艺、钻头扰力,泥浆压力,孔内外水位差。 (2)从取土器中推出土样,围压卸除,溶于水中的气体以气泡形式释出
取土技术	(1)取土器的结构和几何参数(如长径比、面积比、内间隙比等)。 (2)取土方式(压入、打入等)
其他	(1)运输过程的振动失水等。 (2)储存过程的物理、化学变化(温度、化学、生物作用)。 (3)制备土样时切削扰动

表 2-1 中所列的因素,有些是可以控制的,如取土器的几何参数、取土方式等;有些因素是无法避免的,如应力变化。所以说真正意义上的完全"不扰动土样"是不存在的,只是存在扰动程度的差异而已。原状土取土过程中,应尽量避免可控因素的影响,减小土样的扰动程度。

2.2　取样质量等级

《岩土工程勘察规范》(GB 50021—2001)(2009 版)把土样按照扰动程度划分为 4级,如表 2-2 所示。

表 2-2　土样扰动程度划分

级别	扰动程度	可供试验项目
Ⅰ	未扰动	土类定名、含水率、密度、强度试验、固结试验
Ⅱ	轻微扰动	土类定名、含水率、密度
Ⅲ	显著扰动	土类定名、含水率
Ⅳ	完全扰动	土类定名

2.3　取样方法

取样工作宜与勘探工作分开进行,应避免布置于重要结构部位;工作过程中不得有影响到遗址稳定性的振动;工作完毕后对扰动部位进行修复。取样要有明确的目的、地点、方法及数量,并对此进行详细记录;宜采用塌落体标本和位于遗址隐蔽部位的样本。土样质量等级可通过表 2-2 判别。

2.4　土样的一般要求

土样和试样的制备程序是影响土工试验质量的重要因素。为保证试验结果的可靠性和试验数据的可比性,必须统一土样、试样的制备方法和程序。

扰动土的土样制备包括风干、碾散、过筛、均匀后储存等土样预备程序。

扰动土的试样制备包括击实、饱和等试样预备程序。

原状土试样制备包括开启、切削、土样描述等程序。

土样和试样制备程序因所需要进行的试验不同而有所差异,需在土样制备前拟订土工试验计划。对密封的原状土样除小心搬运和妥善存放外,在试验前不得开启。当需要进行土样鉴别和分类而必须开启时,应在开启检验后,迅速妥善地将土样封好贮藏,尽量减小土样扰动。

2.5　土样的准备

2.5.1　土样的要求与管理

试验所需土样的数量应满足试验项目和试验方法要求,采样的数量宜按表 2-3 中规定选取。

原状土样应符合下列要求:

(1)土样密封应严密,保管和运输过程中不得受震、受热、受冻。

(2)土样取样过程中不得受压、受挤、受扭。

（3）土样应充满取土筒。

需要保持天然含水率的扰动土样在试验前应妥善保管,并应采取防止水分蒸发的措施。

表 2-3　试验取样数量和过土筛标准

试验项目 土样数量 土类	黏土		砂土		过筛标准 （mm）
	原状土(筒, ϕ10 cm×20 cm)	扰动土（g）	原状土(筒, ϕ10 cm×20 cm)	扰动土（g）	
含水率		800		500	
比重		800		500	
颗粒分析		800		500	
界限含水率		500			0.5
密度	1		1		
固结	1	2 000			2.0
三轴压缩	2	5 000		5 000	2.0
直接剪切	1	2 000			2.0
击实		轻型 >15 000 重型 >30 000			5.0
无侧限抗压强度	1				
渗透	1	1 000		2 000	2.0

2.5.2　试样制备仪器

（1）细筛:孔径 0.5 mm、2 mm。

（2）洗筛:孔径 0.075 mm。

（3）台秤和天平:称量 10 kg,最小分度值 5 g;称量 5 000 g,最小分度值 1 g;称量 1 000 g,最小分度值 0.5 g;称量 500 g,最小分度值 0.1 g;称量 200 g,最小分度值 0.01 g。

（4）环刀:不锈钢材料制成,内径 61.8 mm 和 79.8 mm,高 20 mm。

（5）击样器:如图 2-1 所示。

（6）压样器:如图 2-2 所示。

（7）抽气设备:应附真空表和真空缸。

（8）其他:包括切土刀、钢丝锯、碎土工具、烘箱、保湿缸、喷水设备。

2.5.3　原状土样的准备

（1）将土样筒按标明的上下方向放置,剥去蜡封和胶带,开启土样筒并取出土样。检查土样结构,当确定土样已受扰动或取土质量不符合规定时,不应制备力学性质试验试样。

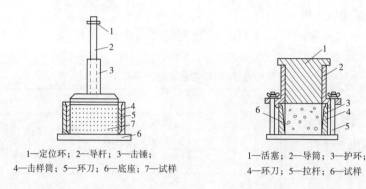

1—定位环；2—导杆；3—击锤；
4—击样筒；5—环刀；6—底座；7—试样

1—活塞；2—导筒；3—护环；
4—环刀；5—拉杆；6—试样

图 2-1 击样器　　　　　　　**图 2-2 压样器**

（2）根据试验要求，需用环刀切取试样时，应在环刀内壁涂一薄层凡士林，刃口向下放在土样上，将环刀垂直下压，并用切土刀沿环刀外侧切削土样，边压边削至土样高出环刀，根据试样的软硬采用钢丝锯或切土刀整平环刀两端土样，擦净环刀外壁，称量环刀和土的总质量。

（3）从余土中取代表性试样，测定含水率、比重、颗粒分析、界限含水率等项目。对均质和含有机质的土样，宜采用天然含水率状态下的代表性土样，供颗粒分析、界限含水率试验；对非均质土样，应根据试验项目取足够数量的土样，置于通风处晾干至可碾散；对砂土和进行比重试验的土样宜在 105～110 ℃ 温度下烘干；对有机质含量超过 5%、含石膏和硫酸盐的土，应该在 65～75 ℃ 温度下烘干。

（4）切削试样时，应对土样的层次、气味、颜色、夹杂物、裂缝和均匀性进行描述，对低塑性和高灵敏度的软土，制样时不得扰动。

2.5.4　扰动土样的制备

2.5.4.1　扰动土的备样

1. 细粒土的备样

（1）将扰动土样进行描述。如颜色、气味及夹杂物等；若有需要，将扰动土充分拌匀，取代表性土样进行含水率测定。

（2）将块状扰动土放在橡皮板上用木碾或利用碎土器碾散（勿压碎颗粒）；当含水率较大时，可先风干至易碾散。

（3）根据试验所需土样的数量，将碾散后的土样过筛。如液限、塑限、缩限等物理性质试验土样，需过 0.5 mm 筛；力学性质试验土样过 2 mm 筛；击实试验土样过 5 mm 筛。过筛后用四分对角线取样法或分砂器，取出足够数量的代表性土样，分别装入玻璃缸内，标以标签，以备各项试验之用。对风干土，需测定风干含水率。

（4）为配制一定含水率的土样，取过 2 mm 筛的足够试验所需风干土 1～5 kg，平铺在不吸水的盘内，按式（2-1）计算所需的加水量，用喷雾器喷洒预计的加水量，静置一段时间，然后装入玻璃缸内盖紧，润湿一昼夜备用（砂性土润湿时间可酌情减短）。

$$m_w = \frac{m_0}{1 + 0.01w} \times 0.01(w_1 - w_0) \qquad (2\text{-}1)$$

式中: m_w 为制备试样所需的加水量, g; m_0 为湿土(或风干土)质量, g; w_0 为湿土(或风干土)含水率(%); w_1 为制样要求的含水率(%)。

(5)测定湿润土样不同位置的含水率(至少 2 个以上),要求差值不大于 ±1% 。

2. 粗粒土的备样

(1)对砂及砂砾土,按四分法或分砂器细分土样,然后取足够试验用的代表性土样供作颗粒分析试验使用,其余过 5 mm 筛。筛上和筛下土样分别储存,供作比重及最大孔隙比和最小孔隙比等试验使用。取一部分过 2 mm 筛的土样供作力学性试验用。

(2)若有部分黏土依附在砂砾石上面,则先用水浸泡,将浸泡过的土样在 2 mm 筛上冲洗,取筛上及筛下具有代表性的土样供作颗粒分析试验用。

(3)将冲洗下来的土浆风干至易碾散,再按细粒土备样中的第(2)~(5)步规定进行备样。

2.5.4.2 扰动土的制样

扰动土试样的制备,视工程实际情况,可采用击样法、击实法和压样法。

1. 击样法

(1)根据环刀的容积及所要求的干密度、含水率,按式(2-2)计算试样的用量,制备湿土样。

$$m = \rho_d(1 + 0.01w_1)V \tag{2-2}$$

式中: m 为所需加入湿土的质量; ρ_d 、 w_1 分别为所需制备试样的干密度及含水率; V 为环刀的体积。

(2)将湿土倒入预先装好的环刀内,并固定在底板上的击实器内,用击实方法将土击入环刀内。

(3)取出环刀,称量环刀、土的总质量,并满足制备试样密度与制备标准的差值及一组平行试验试样间的密度差均在 0.02 g/cm³ 。

2. 击实法

(1)根据试样所要求的干密度、含水率,计算土样的用量,并制备湿土样。

(2)用 3.7 节中击实试验部分介绍的击实程序,将土样击实到所需的密度,用推土器推出。

(3)将试验用的切土环刀内壁涂一薄层凡士林,刃口向下,放在土样上。用切土刀将土样切削成稍大于环刀直径的土柱。然后,将环刀垂直向下压,边压边削,至土样伸出环刀,削去两端余土并修平。擦净环刀外壁,称环刀、土总质量,精确至 0.1 g,并测定环刀两端削下土样的含水率。

3. 压样法

(1)按上述方法制备湿土样,称出所需的湿土量。将湿土倒入预先装好环刀的压样器内,拂平土样表面,以静压力将土压入环刀内。

(2)取出环刀,称环刀、土的总质量,满足制备试样密度与制备标准的差值及一组平行试验试样间的密度差 0.02 g/cm³ 后方可使用。

2.5.5 试样饱和

试样的饱和宜根据土样的透水性能,分别采用下列方法:

(1)粗粒土(砂类土)可采用浸水饱和法。

(2)较易透水的黏性土,渗透系数大于 10^{-4} cm/s 的细粒土,可采用毛细管饱和法。

(3)渗透系数小于或等于 10^{-4} cm/s 的细粒土,采用真空抽气饱和法。

2.5.5.1 毛细管饱和法

(1)选用框式饱和器(如图 2-3 所示),试样上、下面放滤纸和透水板,装入饱和器内,并旋紧螺母。

(2)将装好的饱和器放入水箱内,注入清水,水面不宜将试样淹没,关箱盖,浸水时间不得少于两昼夜,使试样充分饱和。

(3)取出饱和器,松开螺母,取出环刀,擦干外壁,称环刀和试样的总质量,并计算试样的饱和度。当饱和度低于95%时,应继续饱和。

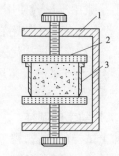

1—夹板;2—透水板;3—环刀

图 2-3 框式饱和器

2.5.5.2 抽气饱和法

(1)选用重叠式(如图 2-4 所示)或框式饱和器和真空饱和装置(如图 2-5 所示)。在重叠式饱和器下夹板的正中依次放置透水板、滤纸、带试样的环刀、滤纸、透水板,如此顺序重复,由下向上重叠至拉杆高度,将饱和器上夹板盖好后,拧紧拉杆上端的螺母,将各个环刀在上、下夹板间夹紧。

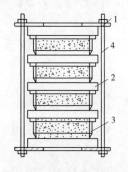

1—夹板;2—透水板;3—环刀;4—拉杆

图 2-4 重叠式饱和器

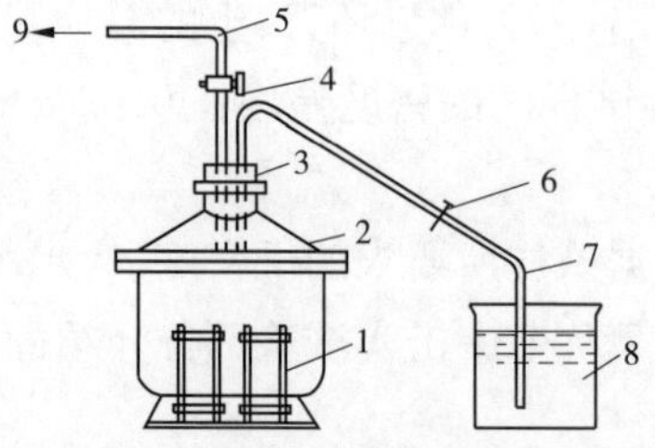

1—饱和器;2—真空缸;3—橡皮塞;4—二通阀;5—排气管;
6—管夹;7—引水管;8—盛水器;9—接真空泵

图 2-5 真空饱和装置

(2)将装有试样的饱和器放入真空缸内,在真空缸和盖之间涂一薄层凡士林,盖紧缸盖。

(3)关管夹、开二通阀,将真空缸与真空泵接通,启动真空泵,抽除缸内及土中气体。当真空压力表读数接近当地一个大气压力值后,继续抽气,黏质土约 1 h、粉质土约 0.5 h 后,稍微开启管夹,使清水由引水管徐徐注入真空缸内。在注水过程中,调节管夹,使真空表上的数值基本上保持不变。

（4）待饱和器完全淹没水中后，即停止抽气。将引水管自水缸中提出，开管夹令空气进入真空缸内，静置一定时间，借大气压力使试样饱和。

（5）取出饱和器，松开螺母，取出环刀，擦干外壁，称环刀和试样的总质量，并计算试样的饱和度。当饱和度低于95%时，应继续饱和。

2.6　干湿循环土样制备试验

土的干湿循环试验是指土体在反复干燥、湿润状态下进行某种指标试验的过程。干燥过程中土颗粒收缩靠拢，密实度、颗粒接触点数量及基质吸力均有所增加，整体体积呈收缩状态；而湿化过程中土颗粒间水膜厚度增大，部分黏土矿物吸水膨胀，土体整体呈膨胀趋势。干湿循环所导致的胀缩作用是导致土体结构松散化、裂隙化的主要因素，也是引起土体力学性质弱化的重要原因。

2.6.1　试样尺寸和规格试验

采用方形试样（50 mm × 50 mm × 50 mm）或采用圆柱形试样（直径 d 为 39.1 mm 或 61.8 mm，高度 h 宜为直径的 2 ~ 2.5 倍）。

2.6.2　试验仪器设备

试验中采用的仪器设备应满足以下的参数条件：

（1）温湿度控制室：应能够对土样所处环境的温度、湿度等条件进行控制与改变。

（2）电子天平：用于称取干湿循环过程中试样的质量变化，最小分度值≤0.01 g。

（3）游标卡尺：用于测量试样尺寸，精度 0.02 mm。

（4）数码摄像器材：应准确记录干湿循环过程中试样的表观变化，分辨率≥300 万像素。

2.6.3　试验技术要求和步骤

（1）将每个试样单独置于小托盘上，放入温湿度控制室，试样水平间隔和垂直间隔不小于 10 cm，试样初始含水率应为取样时的天然含水率。

（2）调节温湿度控制室，将控制室内温度设定一恒定值，相对湿度控制在一定范围内变化。参照土遗址所处当地的气象资料，温度值设定为全年气温平均值，相对湿度的上、下极限值分别取全年的最大值与最小值。

（3）设置 12 h 为一个干湿循环周期，循环次数最低不应小于 80 次（如图 2-6 所示）。

（4）每一循环试验周期完成后，将试样取出（不包括托盘），置于电子天平上，快速称重、拍照，观察并记录样品的表面结构变化，并用游标卡尺小心测量试样尺寸，然后重新放入控制室进行下一个周期的干湿循环试验。重复上述步骤，直到循环试验达到设计的周期数，并将数据进行详细记录。

（5）将试样连同托盘一同小心取出，进行抗压强度试验。若有需要，可根据要求进行风蚀试验、微观结构分析试验等项目。

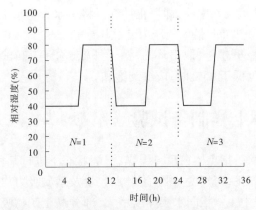

图 2-6　干湿循环过程中相对湿度控制过程示意图

2.7　冻融循环土样制备试验

　　土体在冻融循环过程中,随着温度的正负波动,土体中的水会发生相变,由液态水变成固态冰或由固态冰变成液态水。由于水与冰的密度不同,固态冰的体积比等质量液态水的体积大,当液态水转变为固态冰时,冰晶生长体积膨胀,对周围的土颗粒产生挤压,这将会破坏土颗粒之间的胶结,使土颗粒发生位移甚至破碎变形,同时也会改变孔隙的形态。更重要的是,冻融循环过程中除了水分的相变,还伴随有水分的迁移。水分迁移使土体的孔隙形态、颗粒排列等结构性要素发生显著改变,使得冻融循环对土结构性的影响变得更加复杂。在冻融过程中,水分发生迁移的基本条件有:①水的存在;②迁移通道的存在;③迁移动力的来源。而土的液相、气相和固相组成提供了这 3 个条件。

2.7.1　试样尺寸和规格

　　试验采用方形试样(50 mm × 50 mm × 50 mm)或采用圆柱形试样(直径 d 为 39.1 mm 或 61.8 mm,高度 h 宜为直径的 2 ~ 2.5 倍)。

2.7.2　试验仪器设备

　　试验中采用的仪器设备以及应满足的参数条件如下:

　　(1)冻融循环试验机:用于土样的冻融试验,也可采用替代方案:冻结可采用低温冷冻箱,融化在室温下进行。冻融循环试验机的温度控制范围应大于待测试样设定的温度变化范围。

　　(2)电子天平:用于称取干湿循环过程中试样的质量变化,最小分度值 ≤ 0.01 g。

　　(3)干燥器(保湿器):用于保持土样中的水分或补充试样冻干过程中损失的水分。

　　(4)注射器或滴管:用于向试样中注水使不同含水率的试样初始含水率相同,以便于进行对比。

　　(5)游标卡尺:测量不同状态下试样的尺寸变化,精度 0.02 mm。

　　(6)数码照相器材:应准确记录冻融循环过程中试样的表观变化,分辨率 ≥ 300 万像素。

2.7.3　试验技术要求和步骤

（1）在制备好的试样中取 3 ~ 5 个平行试样,测量其含水率并取平均值,作为试样的初始含水率。

（2）制备不同序列含水率试样。根据试验设计的不同含水率,利用试样初始含水率,计算所需的加水量,利用注射器（或滴管等）,按照立方体或圆柱体每个面均匀滴渗的原则点滴完所加水量,将试样密封静置 24 h。

（3）将不同含水率试样置于冻融循环试验机内,每个试样底部放置一小托盘,以防止试样冻结在试验机内。

（4）设置冻融循环试验机的相对湿度为一恒定值,应取土遗址当地气象资料记录的全年相对湿度的平均值;温度范围设定为:温度的下限值应取土遗址所处地区气象观测资料记录的气温极端最低值,上限值应取室温值 25 ℃。

（5）设置 24 h 为一个冻融循环周期（如图 2-7 所示）,循环次数最低不应小于 30 次。

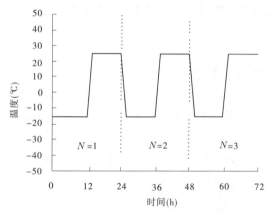

图 2-7　冻融循环过程中温度控制过程示意图

第 3 章　遗址土的基本物理力学性质试验

　　遗址土的基本物理力学性质试验包括土的天然含水率、密度、比重、颗粒分析、界限含水率、击实试验、湿陷性试验、固结试验、直接剪切试验、无侧限抗压强度试验、三轴剪切试验等，主要是为了评价土遗址本体的相关物理力学特性，是制订土遗址保护方案的一项基础性工作，也是土遗址勘察的重要工作内容。由于遗址本体的成土过程及影响因素复杂，土遗址本体材料性能差异较大。即使在同一地点，土遗址本体材料也可能受到人为因素和自然因素的影响，性质发生变化。在土遗址保护方案实施前，必须对每一地点的土质情况进行详细勘查，并进行取样测试。通过土工测试可得到土遗址本体所用材料的物理和力学性质指标，为土遗址保护工程设计提供数据参考。由于土体自身的不均匀性及复杂性，取样、运输及试验过程中容易造成测试结果失真，影响方案设计等问题，需要试验人员能够充分理解试验目的，了解试验原理，严格统一试验方法，规范试验步骤，确保试验结果的准确性。

3.1　土的含水率试验

　　土的含水率 w 是指土在 105～110 ℃下烘至恒重时所失去的水分质量与恒量后干土质量的比值，以百分数计。含水率是土的基本物理指标之一，反映土的状态，它的变化将使土的一系列力学性质随之而异；它又是计算土的干密度、孔隙比、饱和度等各项指标的依据。

3.1.1　试验目的

　　测定土的含水率，以了解土的含水情况。

3.1.2　试验原理

　　土中的水分为结晶水、结合水和自由水。结晶水是存在于矿物晶体内部或参与矿物构造的水。这部分水只有在高温（150～240 ℃，甚至 400 ℃）下才能从土颗粒矿物中析出，因此可以把它看作矿物本身的一部分。结合水是紧密附着在土颗粒表面的薄层水膜，依靠水化学静电引力（库仑力和范德华力）吸附在土粒表面，它对细粒土的工程性质有很大影响。结合水可划分为强结合水和弱结合水，自由水是存在于土颗粒孔隙中的水，它可分为毛细水和重力水。影响土的物理、力学性质的主要是弱结合水和自由水。因此，测定土的含水率时主要是测定这两部分的水的含量。试验表明，弱结合水和自由水在 105～110 ℃下就可从土体中析出，故本试验烘干温度定为 105～110 ℃。

　　长期以来，国内以烘干法为室内试验的标准方法。在工地当无烘干设备或要求快速测定时，可采用酒精或煤油燃烧法；对砂土可采用湿度密度计法；对砂性土采用比重法；对含砾较多的土采用炒干法。根据现有条件和工地施工的具体情况和要求，此处介绍烘干法、酒精燃烧法和比重法。

根据含水率的定义,只要测得天然土中水的质量和干土质量,即可得含水率。

本试验方法适用于测定黏质土、粉质土、砂类土、砂砾石、有机质土和冻土的含水率。

3.1.3　试验方法

3.1.3.1　烘干法

1. 仪器设备与材料

(1)烘箱:可采用电热烘箱或温度能保持 105~110 ℃的其他能源烘箱。

(2)天平:称量 200 g,感量 0.01 g;称量 1 000 g,感量 0.1 g。

(3)其他:干燥器、称量盒(为简化计算手续,可将盒质量定期(3~6 个月)调整为恒质量)等。

2. 试验步骤

(1)取具有代表性的试样,细粒土 15~30 g,砂类土、有机质土为 50 g,放入称量盒内,立即盖好盒盖,称质量。

(2)揭开盒盖,将试样和盒放入烘箱内,在温度 105~110 ℃恒温下烘干。烘干时间对细粒土不得少于 8 h,对砂类土不得少于 6 h。对含有机质超过 5% 的土,应将温度控制在 65~70 ℃的恒温下烘干。

(3)将烘干后的试样和盒取出,放入干燥器内冷却(一般只需 0.5~1 h 即可),冷却后盖好盒盖,称质量,准确至 0.01 g。

3. 数据处理与分析

(1)按式(3-1)计算含水率:

$$w = \frac{m - m_{\mathrm{s}}}{m_{\mathrm{s}}} \times 100 \tag{3-1}$$

式中:w 为含水率(%),计算至 0.1;m 为湿土质量,g;m_{s} 为干土质量,g。

(2)本试验记录表格如表 3-1 所示。

表 3-1　含水率试验记录(烘干法)

工程编号＿＿＿＿＿＿＿＿＿　土样说明＿＿＿＿＿＿＿＿＿　试验日期＿＿＿＿＿＿＿＿＿

试　验　者＿＿＿＿＿＿＿＿　计　算　者＿＿＿＿＿＿＿＿　校　核　者＿＿＿＿＿＿＿＿

盒号			1	2	3	4
盒质量	(g)	①				
盒+湿土质量	(g)	②				
盒+干土质量	(g)	③				
水分质量	(g)	④=②-③				
干土质量	(g)	⑤=③-①				
含水率	(%)	⑥=④/⑤				
平均含水率	(%)	⑦				

（3）精度和允许差。

本试验须进行两次平行测定,取其算术平均值,允许平行差值应符合表3-2的规定。

表 3-2　含水率测定的允许平行差值

含水率(%)	允许平行差值(%)	含水率(%)	允许平行差值(%)
5 以下	0.3	40 以上	2
40 以下	1	对层状和网状构造的冻土	3

4. 注意事项

（1）对于大多数土,通常烘干 16 ~ 24 h 就足够。但是,若某些土或试样数量过多或试样很潮湿,可能需要烘更长的时间。烘干的时间也与烘箱内试样的总质量、烘箱的尺寸及其通风系统的效率有关。

目前,国内外一些主要土工试验以 105 ~ 110 ℃ 为标准。

砂类土、砾类土因持水性差,颗粒大小相差悬殊,水分变化大,所以试样应多取一些,《公路土工试验规程》(JTG E40—2007)规定取 50 g。对有机质含量超过 5% 的土,因土质不均匀,采用烘干法时,除注明有机质含量外,亦应取 50 g。

有机质含量超过 5% 的土,应在 60 ~ 70 ℃ 的恒温下进行烘干。

某些含有石膏的土在烘干时会损失其结晶水,用此方法测定其含水率有影响。如果土中有石膏,则试样应在不超过 80 ℃ 的温度下烘干,并可能要烘更长的时间。

（2）若铝盒的盖密闭,而且试样在称量前放置时间较短,可以不需要放在干燥器中冷却。

（3）保持铝盒外壁干净。

（4）为缩短烘干时间,可以考虑采用向试样中加酒精以加速水分蒸发的方法。这是减少烘干法烘干时间的较为可行的方法。酒精数量及烘干时间,各地可以通过比较试验确定。应当注意的是,加酒精后的效果与土体含水率的大小有关。以上详细内容可参照《公路土工试验规程》(JTG E40—2007)。

3.1.3.2　酒精燃烧法

酒精燃烧法的温度不符合 105 ~ 110 ℃ 的标准要求,但酒精倒入试样燃烧开始时即汽化,酒精的气体部分构成火焰的焰心,火焰与土样一般保持 2 ~ 3 cm 的距离,实际上土样受到的温度仅为 70 ~ 80 ℃,待火焰将熄灭的几秒钟才与土面接触,致使土的温度上升至 200 ~ 220 ℃。由于高温燃烧时间较短,土样基本受到适宜的温度。根据经验得知,测得的结果与烘干法误差不大。在野外实际工作中需概略了解土样含水率时,可用此法。

1. 适用范围

本试验方法适用于快速简易测定细粒土(含有机质的土除外)的含水率。

2. 仪器设备与材料

（1）称量盒(定期调整为恒质量)。

（2）天平:感量 0.01 g。

（3）酒精:纯度 95% 以上。

（4）其他:滴管、火柴、调土刀等。

3. 试验步骤

（1）取代表性试样(黏质土 5～10 g,砂类土 20～30 g),放入称量盒内,称湿土质量。

（2）用滴管将酒精注入放有试样的称量盒中,直至盒中出现自由液面。为使酒精在试样中充分混合均匀,可将盒底在桌面上轻轻敲击。

（3）点燃盒中酒精,燃至火焰熄灭。

（4）将试样冷却数分钟,按本试验步骤(2)、(3)重新燃烧两次。

（5）待第 3 次火焰熄灭后,盖好盒盖,立即称干土质量,准确至 0.01 g。

4. 数据处理与分析

数据处理与分析同烘干法。

5. 注意事项

（1）取代表性试样时,砂类土数量应多于黏质土。

（2）当采用酒精燃烧法测定土的含水率时,应特别注意酒精存放的安全性。在现场使用酒精燃烧法时,应做好试验操作安全预案。

3.1.3.3　比重法

含水率试验的比重法是建立在当前技术发展的基础上的。大称量、高精度天平的迅猛发展,使该试验方法成为现实。

1. 适用范围

本试验方法仅适用于砂类土。

通过本试验,测定湿土体积,估计土粒比重,间接计算土的含水率。由于试验时没有考虑温度的影响,所得准确度较差。土内气体能否充分排出,直接影响试验结果的精度,故比重法仅适用于砂类土。

2. 试验仪器

（1）玻璃瓶:容积 500 mL 以上。

（2）天平:称量 1 000 g,感量 0.5 g。

（3）其他:漏斗、小勺、吸水球、玻璃片、土样盘及玻璃棒等。

3. 试验步骤

（1）取代表性砂类土试样 200～300 g,放入土样盘内。

（2）向玻璃瓶中注入清水至 1/3 左右,然后用漏斗将土样盘中的试样倒入瓶中,并用玻璃棒搅拌 1～2 min,直到所有气体完全排出;土样倒入未盛满水的玻璃瓶中后,用玻璃棒充分搅拌悬液,使空气完全排除(土内气体能否充分排出会直接影响试验结果的精度)。

（3）向瓶中加清水至全部充满,静置 1 min 后用吸水球吸去泡沫,再加清水使其充满,盖上玻璃片,擦干瓶外壁,称质量。

（4）倒去瓶中混合液,洗净,再向瓶中加清水至全部充满,盖上玻璃片,擦干瓶外壁,称质量,准确至 0.5 g。

4. 数据处理与分析

（1）按式(3-2)计算含水率:

$$w = \left[\frac{m(G_s - 1)}{G_s(m_1 - m_2)} - 1 \right] \times 100 \tag{3-2}$$

式中:w 为砂类土的含水率(%),计算至 0.1;m 为湿土质量,g;m_1 为瓶、水、土、玻璃片合质量,g;m_2 为瓶、水、玻璃片合质量,g;G_s 为砂类土的比重。

(2)本试验记录表格如表 3-3 所示。

表 3-3　含水率试验记录(比重法)

土样编号	瓶号	湿土质量(g)	瓶、水、土、玻璃片合质量(g)	瓶、水、玻璃片合质量(g)	土样比重	含水率(%)	平均值(%)	备注

(3)精密度和允许差(同前两种方法)。

5. 注意事项

注意选取有代表性的试样并保证所取试样具有足够的数量。进行含水率试验时,常因试样代表性不足,而使测定结果失去实际意义。导致所测出试样含水率不均匀的因素有以下几点:

(1)土层本身的不均匀:上下层次中颗粒级配不同、密实度不同以及地下水位的影响,都可能造成含水率的不同。

(2)取土时的影响。

(3)在运输和储存期间,保护不当将使土样表面水分发生变化;震动作用也可引起土中水分的重新分布(特别是砂性土)。

然而,要想绝对消除这种影响因素是不可能的,应尽量设法缩短运输及保管时间,并妥善包装。至于水分的重新分布和转移的现象,在取试样时应予以注意,使所取试样尽可能混合均匀,具有代表性。

(4)选取扰动土(如风干土)时拌和不匀。

(5)试样数量过少,代表性不足。

3.2　密度试验

土在天然状态下,单位土体的质量称为土的天然密度,亦称为天然湿密度。对于黏性土天然密度值的测定,一般采用环刀法,因为其操作简便准确,所以被列为天然密度试验的标准方法。但是如果遇到含砾土以及不能用环刀切削的坚硬、易碎、形状不规则的土,则可使用灌砂法、蜡封法、灌水法等。在室外,砂土、砂砾石土可用灌砂法加以测定。

3.2.1　试验目的

土的天然密度是土的基本物理性质指标之一,测定土的天然密度是为了基本了解土体内部结构及密实情况,以此换算土的其他物理性质指标。另外,在计算土遗址的地基允许承载力、地基沉降量、边坡的稳定性,以及支护结构所受土压力问题中,同样需要用到土的天然密度,是土遗址本体力学性能评价和保护加固设计的必要指标。

3.2.2　试验原理

土的天然密度试验本质是使用各种测试方法求得土体的质量与其体积之比。各种测试方法需结合工程的实际情况,本书将详细介绍环刀法和灌砂法的相关试验内容及方法。

3.2.3　试验方法

3.2.3.1　环刀法

1. 仪器设备与材料

(1)环刀:内径 6~8 cm,高 2~5.4 cm,壁厚 1.5~2.2 mm。

(2)天平:感量为 0.1 g。

(3)卡尺:1/50 mm。

(4)其他:切土刀、钢丝锯、凡士林等。

2. 试验步骤

(1)用卡尺测量环刀的内径及高度,计算出环刀内部体积 $V(\mathrm{cm}^3)$;

(2)用天平称环刀的质量,得 m_1,精确至 0.1 g。

(3)按工程需要取原状土或制备所需要的扰动土,然后将环刀的内壁涂上一层薄薄的凡士林。刃口向下放在整平的土样或需测定的土层上。

(4)手扶环刀轻轻下压,并用切土刀不断地切削环刀周围的多余土,边削边压,使土样削成略大于环刀直径的土柱,待土样全部压入环刀为止,削平上下两面的余土,使之与环刀口平齐。若两面的土有剥落现象,可用切下的碎土补上。

(5)擦净环刀外壁上的沾土,称土和环刀的质量为 m_2,精确至 0.1 g。

(6)本试验须做两次平行试验,平行差值不得大于 0.03 g/cm³。

3. 数据处理与分析

(1)根据以上试验数据土体密度可按式(3-3)计算:

$$\rho = \frac{m_2 - m_1}{V} \tag{3-3}$$

(2)记录表格格式如表 3-4 所示。

4. 注意事项

(1)用环刀法切取土样时,取样环刀应垂直于土样面切取,并严格按试验步骤操作,下压环刀用力要均匀,下压一点将环刀周围的土削去一些,严格做到边压边削,不得直接将环刀一次性压入。对含水率较高的土,在刮平环刀两面时要细心,最好一次刮平,防止水分损失。

表 3-4　土体密度试验记录（环刀法）

工程名称＿＿＿＿＿＿＿＿＿＿　试验者＿＿＿＿＿＿＿＿＿＿
土样说明＿＿＿＿＿＿＿＿＿＿　计算者＿＿＿＿＿＿＿＿＿＿
试验日期＿＿＿＿＿＿＿＿＿＿　校核者＿＿＿＿＿＿＿＿＿＿

土样编号			1		2	
环刀号						
环刀容积(cm³)	①					
环刀质量(g)	②					
土＋环刀质量(g)	③					
土样质量(g)	④	③－②				
密度(g/cm³)	⑤	④/①				
含水率(%)	⑥					
干密度(g/cm³)	⑦	⑤/(1+0.01)				
平均值(g/cm³)	⑧		湿：		干：	

（2）修平环刀两端余土时，不得在试样表面往返压抹，以免使土面受到更多扰动。对于较软的土宜先用钢丝锯将土样锯成几段，然后用环刀切取，以免土体因上部受压而使下部变形。

（3）环刀由于经常使用，会产生磨损，应根据情况加以校正，以保证试验的精度。

（4）环刀的尺寸选择：

①在室内做密度试验，考虑到与剪切、固结等试验所用环刀相配合，规定室内环刀体积为 60～150 cm³。

②环刀高度与直径之比，对试验结果是有影响的。环刀高度过大时，土与环刀内壁的摩擦就越大，而且增大了取样的困难；如果高度过小，因为环刀的体积已经明确，直径过大的环刀会因两面不易刮平而增大误差。

③环刀壁越厚，压入时土样扰动程度也越大，所以环刀壁越薄越好。但环刀压入土中时，须承担相当大的压力，壁过薄，环刀容易破损和变形，因此建议壁厚一般为 1.5～2 mm。

3.2.3.2　灌砂法

本试验适用于浅层细粒土、砂类土和砾类土，在不易用取土器或不能用环刀法取出原状土的情况下用其现场测定土的天然密度。试样的最大粒径不得超过 15 mm，测定土层的厚度为 150～200 mm。

1. 仪器设备与材料

（1）灌砂筒：有金属圆筒和塑料圆筒两种。其内径为 100 mm，总高 360 mm。灌砂筒主要分两部分：上部为储砂筒，筒深 270 mm（容积约 2 120 cm³），筒底中心有一个直径 10 mm 的圆孔；下部装一倒置的圆锥形漏斗，漏斗上端开口直径为 10 mm，并焊接在一块直

径 100 mm 的铁板上,铁板中心有一直径 10 mm 的圆孔与漏斗上开口相接,在储砂筒筒底
与漏斗顶端铁板之间设有开关,打开开关,砂可通过圆孔自由落下,灌砂筒的形式和主要
尺寸详见图 3-1。

(2)标定罐:内径 100 mm、高 150 mm 和 200 mm 的各一个,上端周围有一罐缘,
见图 3-1。

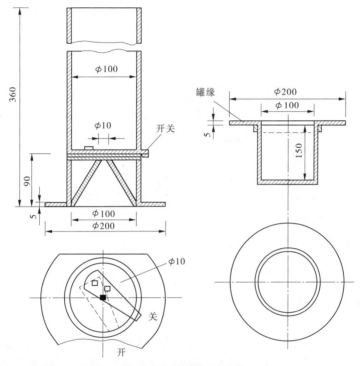

图 3-1　灌砂筒和标定罐　(单位:mm)

(3)基板:一个边长 350 mm、深 40 mm 的金属方盘,盘中心有一直径 100 mm 的圆孔。

(4)打洞及从洞中取样的工具:如凿子、铁锤、长把勺、长把小簸箕、毛刷等。

(5)玻璃板:边长约 500 mm 的方形板。

(6)台秤:称量 10 ~ 15 kg,感量 5 g。

(7)量砂(标准砂):粒径 0.25 ~ 0.5 mm 的清洁干燥的均匀砂,重 20 ~ 40 kg。

(8)其他:取土盘、铝盒、药用天平、直尺、滴管、烘箱等。

2. 仪器标定

(1)确定灌砂筒下部圆锥体内砂的质量。

①在储砂筒内装满砂,筒内砂高与筒顶的距离不超过 15 mm。称筒内砂的质量 m_1,
准确至 1 g,每次标定及而后的试验都维持这个质量不变。

②将开关打开,让砂流出,并使流出砂的体积与工地所挖试坑的体积相当(或等于标
定罐的容积),然后关上开关,并称量筒内砂的质量 m_5,准确至 1 g。

③将灌砂筒放在玻璃板上,将开关再打开,让砂流出,直到筒内砂不再下流,关上开
关,并细心地取走灌砂筒。

④收集并称量留在玻璃板上的砂或称量筒内的砂,准确至 1 g。玻璃板上的砂就是填满灌砂筒下部圆锥体的砂。

⑤重复上述试验,至少三次,最后取其平均值 m_2,准确至 1 g。

(2)确定量砂(标准砂)的密度 $\rho_s(\mathrm{g/cm^3})$:

①将空罐放在台秤上,使罐的上口处在水平位置,读记罐质量 m_7 准确至 1 g。

②向标定罐中注水。将一直尺放在罐顶,当罐中水面快要接近直尺时,用滴管往罐中加水,直到水面与直尺接触,移去直尺,读记罐和水的总质量 m_8。标定罐的体积按式(3-4)计算:

$$V = m_8 - m_7 \tag{3-4}$$

③在储砂筒中装入质量为 m_1 的标准砂,并将灌砂筒放在标定罐上,打开开关,让砂流出。直到储砂筒内的砂不再下流时,关闭开关,取下灌砂筒,称筒内剩余砂的质量,准确至 1 g。重复上述试验至少三次,最后取平均值 m_3,准确至 1 g。

④按式(3-5)计算填满标定罐所需砂的质量,m_a:

$$m_a = m_1 - m_2 - m_3 \tag{3-5}$$

式中:m_1 为灌砂入标定罐前,筒内砂的质量,g;m_2 为灌砂筒下部圆锥体内砂的平均质量,g;m_3 为灌砂入标定罐后,筒内剩余砂的质量,g。

⑤按式(3-6)计算量砂的密度 $\rho_s(\mathrm{g/cm^3})$:

$$\rho_s = \frac{m_a}{V} \tag{3-6}$$

式中:V 为标定罐的体积,$\mathrm{cm^3}$。

3.试验步骤

(1)地点,选一块约 40 cm × 40 cm 的典型有代表性的平坦表面,并将其清扫干净。放上基板,然后将盛有量砂 $m_5(\mathrm{g})$ 的灌砂筒放在基板中间的圆孔上,打开开关,让砂流入基板的中孔内,直到储砂筒内的砂不再下流时,关闭开关,取下灌砂筒,并称筒内砂的质量 $m_6(\mathrm{g})$,准确至 1 g。

(2)基板,将留在试验点的量砂收回,重新将表面清扫干净。将基板放上,沿基板中孔凿洞。洞的直径为 100 mm。在凿洞过程中,随时将凿松的材料取出,放在已知质量的塑料袋内,密封。试洞的深度应等于碾压层的厚度(或不少于 200 mm),凿洞完毕,称此塑料袋中全部试样的质量,准确至 1 g,再减去已知塑料袋的质量,即为试样的总质量 $m_t(\mathrm{g})$。

(3)挖出的全部试样中取有代表性的样品,放入铝盒中,测定其含水率 w。

(4)基板安放在试洞上,将灌砂筒安放在基板中间(储砂筒内放满砂至恒量 m_1),使灌砂筒的下口对准基板的中孔及试洞。打开灌砂筒开关,让砂流入试洞内。直到灌砂筒的砂不再下流时,关闭开关。仔细取走灌砂筒,称量筒内剩余砂的质量 $m_4(\mathrm{g})$,准确至 1 g。

4.数据处理与分析

(1)按式(3-7)计算放满试洞所需的质量 $m_b(\mathrm{g})$:

$$m_b = m_1 - m_4 - (m_5 - m_6) \tag{3-7}$$

式中:m_1 为入试洞前筒内砂的质量,g;m_4 为砂的质量,g;$m_5 - m_6$ 为灌砂筒下部圆锥体内及基坑粗糙表面间砂的总质量,g。

（2）按式（3-8）计算试验地点土的天然密度 $\rho(\mathrm{g/cm^3})$：

$$\rho = \frac{m_t}{m_b} \times \rho_s \qquad (3\text{-}8)$$

式中：m_t 为试洞中取出的全部土样的质量，g；m_b 为填满试洞所需砂的质量，g；ρ_s 为量砂的密度，$\mathrm{g/cm^3}$。

（3）按式（3-9）计算土的干密度 $\rho_d(\mathrm{g/cm^3})$：

$$\rho_d = \frac{\rho}{1 + 0.01w} \qquad (3\text{-}9)$$

（4）试验的记录格式如表 3-5 所示。

表 3-5　土体密度试验记录（灌砂法）

工程名称＿＿＿＿＿＿　　土样说明＿＿＿＿＿＿　　试验日期＿＿＿＿＿＿
试验者＿＿＿＿＿＿　　计算者＿＿＿＿＿＿　　校核者＿＿＿＿＿＿
砂的密度＿＿＿＿＿＿　　　　　　　　　　　锥体砂质量＿＿＿＿＿＿

取样桩号	取样位置	试洞中湿土样质量 $m_t(\mathrm{g})$	灌满试洞后剩余砂质量 $m_4(\mathrm{g})$	试洞内砂质量 m_b (g)	湿密度 ρ $(\mathrm{g/cm^3})$	含水率的测定						干密度 ρ_d $(\mathrm{g/cm^3})$
						盒号	盒＋湿土质量（g）	盒＋干土质量（g）	盒质量（g）	干土质量（g）	水质量（g）	含水率（%）	

5. 注意事项

（1）测定细粒土时，可以采用 $\phi100$ 的小型灌砂筒。如果最大粒径超过 15 mm，则应相应地增大灌筒和标定罐的尺寸，例如粒径达 40～60 mm 的粗粒土，灌砂筒和现场的试洞的尺寸应为 150～200 mm。

（2）标准砂在制备完应先烘干，并放置足够时间，使其与空气的湿度达到一致。

（3）开挖试坑过程中，应注意避免周围土移动使试坑体积减小，造成测得密度偏高。

（4）试坑内已松动的颗粒应全部取出。

（5）测定含水率的样品数量：对于细粒土应不少于 100 g，对于粗粒土应不少于 500 g。

（6）清扫干净的平坦的表面上，粗糙度不大，则不需放基板，可按式（3-10）计算试洞所需量砂的质量：

$$m_b = m_1 - m_4 - m_2 \qquad (3\text{-}10)$$

本试验应保证灌砂条件（如灌砂落距、速度等）与测定标准砂时一致，否则将引起误差。

3.3　比重试验

土粒比重，是指土粒在 105～110 ℃温度下烘至恒量时的质量与同体积 4 ℃时纯水质

量的比值,无量纲。根据土的粒度值和粒度成分的不同,可采用不同的试验方法:

(1)粒度小于 5 mm 的土,可用比重瓶法加以测定。

(2)粒度大于 5 mm 的土,其中含大于 20 mm 的颗粒小于 10% 时,可用浮称法进行测定;其中含大于 20 mm 的颗粒超过 10% 时,可用虹吸筒法进行测定;然后取其加权平均值作为土粒密度值。

本节仅对比重瓶法进行介绍。

3.3.1　试验目的

本试验的目的是测定土的颗粒比重,可为土的孔隙比、孔隙度、饱和度等计算提供基本数据。也是击实试验中计算饱和含水率及最大干重度计算的重要参数。

3.3.2　试验原理

根据土的颗粒比重定义可知,求出固体颗粒的质量和体积即可,比重瓶就是由称好质量的干土放入盛满水的比重瓶的前后质量差异,来计算土粒的体积,进而计算出土粒比重。

3.3.3　仪器设备与材料

(1)比重瓶:容量为 50 mL 或 100 mL 两种形式,另外还有长颈比重瓶和短颈比重瓶之分,长颈比重瓶在瓶颈上有刻度,短颈比重瓶的瓶塞中间有毛细孔道,是液体溢出的通道,详见图 3-2。

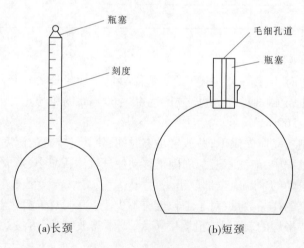

(a)长颈　　　　　　　　　　(b)短颈

图 3-2　比重瓶示意图

(2)天平称量 200 g,感量 0.001 g。

(3)其他用品:烘箱、蒸馏水、中性液体(如煤油等);孔径为 5 mm 筛;漏斗、滴管;恒温水槽(灵敏度为 ±1 ℃);砂浴;真空抽气机设备;温度计(测量范围 0 ~ 50 ℃,精确到 0.5 ℃)。

(4)校正。

将比重瓶洗净、烘干,称比重瓶质量,准确至 0.001 g。将煮沸后冷却的纯水注入比重瓶。对长颈比重瓶注水至刻度处,对短颈比重瓶应注满纯水,塞进瓶塞,多余水分自瓶塞毛细孔道溢出。调节恒温水槽至 5 ℃或 10 ℃,然后将比重瓶放入恒温水槽内,直至瓶内水温稳定。取出比重瓶,擦干外壁,称瓶、水总质量,准确至 0.001 g。

以 5 ℃级差,调节恒温水槽的水温,逐级量测不同温度下的比重瓶、水总质量,至达到本地区最高自然气温。每级温度均应进行两次平行测定,两次测定的差值不得大于 0.002 g,取两次测值的平均值。绘制温度与瓶、水总质量的关系曲线。

3.3.4　试验步骤

(1)记录比重瓶的编号,并称其质量 m_1,精确至 0.001 g,以下皆用此精度要求。

(2)将经过 5 mm 筛的土样在 105 ~ 110 ℃的温度下烘至恒重(烘至相隔 1 ~ 2 h,至其质量不再减少),然后称取 10 ~ 15 g,放入晾干的比重瓶内,加上瓶塞,称其质量为 m_2。

(3)去掉瓶塞,注入蒸馏水达比重瓶容积的一半,摇动比重瓶,并将比重瓶放在砂浴上煮沸,煮沸时间自悬液沸腾时算起,砂及亚砂土不少于 30 min,黏土及亚黏土应不少于 60 min,使土粒完全分散,并全部排除土体内的气体。

(4)将比重瓶冷却至规定的温度(15 ~ 20 ℃),然后装满蒸馏水,加瓶塞使水由塞孔中溢出,之后擦干瓶与塞,称其质量为 m_3。

(5)倒净比重瓶中的水与土,冲洗干净,然后装满蒸馏水,加瓶塞使水由塞孔中溢出,擦干瓶与塞,称准质量为 m_4。

(6)本试验须进行两次平行测定,然后取其算术平均值。以两位小数表示,其平行差值不得大于 0.02。

3.3.5　数据处理与分析

(1)按式(3-11)计算土粒密度:

$$G_s = \frac{m_2 - m_1}{m_4 - m_3 + m_2 - m_1}\rho_{wt} \tag{3-11}$$

式中:ρ_{wt} 为 t ℃时蒸馏水的密度,可查相关物理手册,精确至 0.001。

(2)本试验记录格式如表 3-6 所示。

3.3.6　注意事项

(1)试验用的液体应为经煮沸并冷却的脱气蒸馏水,要求水质纯度高,不含任何被溶解的固体物质。

(2)排气方法,以煮沸法为主。

(3)当土中含有可溶盐分或亲水性胶体或有机物时,则不能用蒸馏水,应用中性溶液(如采用煤油,也可采用酒精或苯),并采用真空抽气法代替煮沸法,以排出土中的气体。

(4)抽气时真空度必须接近一个大气压,一般从达到该真空度时算起,抽气时间为 1 ~ 2 h,直至悬液中无气泡逸出,那么在计算时要将计算式乘以中性溶液的密度值,即式(3-12):

$$G_s = \frac{m_2 - m_1}{m_4 - m_3 + m_2 - m_1}\rho_{2t} \qquad (3\text{-}12)$$

式中:ρ_{2t} 为 t ℃时中性溶液的密度值,亦可查表获得。

表 3-6　土粒密度试验记录(比重瓶法)

工程名称_____　土样说明_____　试验日期_____

试　验　者_____　计　算　者_____　校　核　者_____

试样编号	比重瓶号	温度(℃)	液体密度(g/cm³)	比重瓶质量(g)	瓶+干土质量(g)	干土质量(g)	瓶+液体质量(g)	瓶+土+液体质量(g)	与干土同体积的液体质量(g)	土粒密度(g/cm³)	平均值(g/cm³)	备注
			②	③	④	⑤	⑥	⑦	⑧	⑨		
			查表			④-③			⑤+⑥-⑦	⑤/⑧×②		
01												
02												

(5)比重瓶试验的计算式中的 m_2 与 m_4 必须在同一温度下称重,而 m_2 与 m_1 的称取与温度无关。

(6)本试验可以在 4~20 ℃任一恒温下进行,都是误差许可的范围。

(7)加水加塞称重时,应注意塞孔中不得存在气泡,以免造成误差。

(8)比重瓶必须每年至少校正一次,并经常抽查。

3.4　土的颗粒分析试验

土的颗粒大小、级配和粒组含量是土体工程分类的重要依据。土粒大小与土的矿物组成、力学性质、形成环境等有直接联系。所以,土颗粒大小是土的重要特征,颗粒分析试验为土的工程分类及概略判断土的工程性质和材料选用提供了依据,其结果的准确性影响土遗址保护方案的制订和选择。

3.4.1　试验目的

颗粒分析试验是测定土中各粒组含量占该土总质量的百分数,其目的在于定量描绘土的颗粒级配。

3.4.2　试验原理

土的颗粒分析就是通过试验方法,对天然土的各种粒度成分加以定量确定,即测定干土中各种粒组所占该土总重的百分数,并在半对数坐标纸上绘制颗粒级配曲线。从曲线上可得到不均匀系数 C_c 和曲率系数 C_u 两个常用指标。

3.4.3 试验方法

3.4.3.1 筛分法

筛分法,是将土样通过逐级减少孔径的一组标准筛,对于通过某一筛孔的土粒,可以认为其粒径恒小于该筛的孔径;反之,遗留在筛上的颗粒,可以认为其粒径恒大于该筛孔径,这样即可把土样的大小颗粒按筛孔径大小逐级加以分组和分析。

1. 仪器设备与材料

(1)标准筛:粗筛(圆孔),孔径为 60 mm、40 mm、20 mm、10 mm、5 mm、2 mm;细筛,孔径为 2 mm、1.0 mm、0.5 mm、0.25 mm、0.075 mm。

(2)天平:称量 5 000 g,感量 5 g;称量 1 000 g,感量 1 g;称量 200 g,感量 0.2 g。

(3)摇筛机。

(4)其他:烘箱、筛刷、烧杯、木碾、研钵及杵等。

(5)试样。

从风干、松散的土样中,用四分法按照下列规定取出具有代表性的试样:

小于 2 mm 颗粒的土 100~300 g。

最大粒径小于 10 mm 的土 300~900 g。

最大粒径小于 20 mm 的土 1 000~2 000 g。

最大粒径小于 40 mm 的土 2 000~4 000 g。

最大粒径大于 40 mm 的土 4 000 g 以上。

2. 试验步骤

(1)对于无凝聚性的土:

①按规定称取试样,将试样分批过 2 mm 筛。

②将大于 2 mm 的试样按从大到小的次序,通过大于 2 mm 的各级粗筛。将留在筛上的土分别称量。

③2 mm 筛下的土若数量过多,可用四分法缩分至 100~800 g。将试样按从大到小的次序通过小于 2 mm 的各级细筛。可用摇筛机进行振摇。振摇时间一般为 10~15 min。

④由最大孔径的筛开始,顺序将各筛取下,在白纸上用手轻叩摇晃,至每分钟筛下数量不大于该级筛余质量的 1%。漏下的土粒应全部放入下一级筛内,并将留在各筛上的土样用软毛刷刷净,分别称量。

⑤筛后各级筛上和筛底土总质量与筛前试样质量之差,不应大于 1%。

⑥若 2 mm 筛下的土不超过试样总质量的 10%,可省略细筛分析;若 2 mm 筛上的土不超过试样总质量的 10%,可省略粗筛分析。

(2)对于含有黏土粒的砂砾土:

①将土样放在橡皮板上,用木碾将黏结的土团充分碾散,拌匀、烘干、称量。当土样过多时,用四分法称取代表性土样。

②将试样置于盛有清水的瓷盆中,浸泡并搅拌,使粗细颗粒分散。

③将浸润后的混合液过 2 mm 筛,边冲边洗过筛,直至筛上仅留大于 2 mm 以上的土

粒。然后,将筛上洗净的砂砾风干称量。按以上方法进行粗筛分析。

④通过 2 mm 筛下的混合液存放在盆中,待稍沉淀。将上部悬液过 0.075 mm 洗筛,用带橡皮头的玻璃棒研磨盆内浆液,再加清水,搅拌、研磨、静置、过筛,反复进行,直至盆内悬液澄清。最后,将全部土粒倒在 0.075 mm 筛上,用水冲洗,直到筛上仅留大于 0.075 mm 净砂。

⑤将大于 0.075 mm 的净砂烘干称量,并进行细筛分析。

⑥将大于 2 mm 颗粒及 0.075 ～ 2 mm 的颗粒质量从原称量的总质量中减去,即为小于 0.075 mm 颗粒质量。

⑦当小于 0.075 颗粒质量超过总土质量的 10% ,有必要时,将这部分土烘干、取样,另做比重计或移液管分析。

3. 数据处理与分析

(1)按式(3-13)计算小于某粒径颗粒质量百分数:

$$X = \frac{A}{B} \times 100 \tag{3-13}$$

式中:X 为小于某粒径颗粒的质量百分数(%);A 为小于某粒径的颗粒质量,g;B 为试样的总质量,g。

(2)当小于 2 mm 的颗粒如用四分法缩分取样时,试样中小于某粒径的颗粒质量占总土质量的百分数:

$$X = \frac{a}{b} \times P \times 100 \tag{3-14}$$

式中:a 为通过 2 mm 筛的试样中小于某粒径的颗粒质量,g;b 为通过 2 mm 筛的土样中所取试样的质量,g;P 为粒径小于 2 mm 的颗粒质量百分数(%)。

在半对数坐标纸上,以小于某粒径的颗粒质量百分数为纵坐标,以粒径(mm)为横坐标,绘制颗粒大小级配曲线,如图 3-3 所示,求出各粒组的颗粒质量百分数,以整数(%)表示。

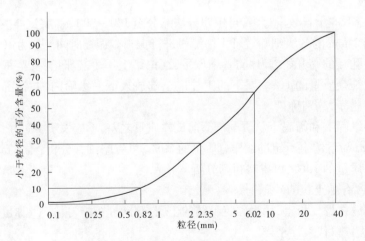

图 3-3　累计曲线

必要时按式(3-15)和式(3-16)计算曲率系数和不均匀系数:

$$C_u = \frac{d_{30}}{d_{10}} \tag{3-15}$$

$$C_c = \frac{d_{30}^2}{d_{60} \times d_{10}} \tag{3-16}$$

(3)本试验记录格式如表3-7所示。

表3-7　土的颗粒分析试验记录(筛分法)

筛前总土质量为 3 000 g					取 2 mm 以下试样质量为 200 g					
小于 2 mm 土质量为 810 g					小于 2 mm 土占总土质量27%					
粗筛分析					细筛分析					
孔径(mm)	分计留筛土质量(g)	累计留筛土质量(g)	小于该孔径土质量(g)	小于该孔径质量百分比(%)	孔径(mm)	分计留筛土质量(g)	累计留筛土质量(g)	小于该孔径土质量(g)	小于该孔径质量百分比(%)	占总土质量百分比(%)
60					2					
40					1					
20					0.5					
10					0.25					
5					0.075					
2					底					
底										
$C_u =$					$C_c =$					

4. 注意事项

(1)用木碾或橡皮研棒研土块时不要把颗粒研碎。保持土的原状颗粒。

(2)过筛前应检查筛孔中是否夹有颗粒,若有应将其轻轻刷掉,同时将筛子按孔径大小自上而下排列。

(3)摇筛和逐一筛分操作过程中,勿将土样外掉和飞扬。

(4)过筛后,应检查筛孔是否夹有颗粒,若有应将其刷掉,归入此筛。

3.4.3.2　沉降分析法试验

1. 试验原理

密度计法也称比重计法,是沉降分析法中一种常用的分析方法,其基本原理是根据大小不同的土粒在静水中沉降速度不同,以分离大小不同的粒组,然后求得各粒组百分含量。密度计分为甲种和乙种。甲种密度计读数表示 1 000 mL 悬液中的干土重;乙种密度计读数表示悬液比重。两种密度计的制造原理和使用方法基本相同。

用密度计分析颗粒大小的分布是根据司托克斯(Stoks)定律。

密度计法颗粒分析试验是将定量的土样和水混合制成悬液,注入量筒中,悬液容积为1 000 mL。悬液经过搅拌,大小颗粒均匀地分布于水中,此时悬液的浓度上下一致。颗粒相同的土粒依照司托克斯定律将以等速 v 下降。经过 t 秒后所有粒径为 d 的颗粒下降的距离 $L = vt$,因此所有大于 d 的颗粒已经下降到 L 平面以下,L 平面以上则仅有小于 d 的颗粒。靠近 L 平面上取一单位体积观察,则该部分悬液不大于 d 的颗粒分布情况与试验开始时完全一样。其中,一部分颗粒降至 L 平面以下,同一时间内又有一部分从上面降下来,因此量得 L 深度处悬液的比重与原来悬液的比重相比较,即可求出粒径小于 d 的颗粒占的百分数。在不同时间内量得不同 L 深度处的密度,即可找出不同粒径的数量以绘成颗粒大小分布曲线。

密度计在颗粒分析试验中有两个作用,一是测量悬液的密度,二是测量土粒沉降的距离。

2. 目的和适用范围

土的颗粒分析试验就是测定土的粒径大小和级配情况,为土的分类、定名和工程应用提供依据。本试验方法适用于分析粒径小于 0.075 mm 的细粒土。

3. 仪器设备与材料

(1)密度计。

甲种密度计:刻度单位以 20 ℃时每 1 000 mL 悬液内所含土质量的克数表示,刻度为 5~50,最小分度值为 0.5。

乙种密度计:刻度单位以 20 ℃时悬液比重表示,刻度为 0.995~1.020,最小分度值为 0.000 2。

(2)量筒:容积为 1 000 mL,内径为 60 mm,高度为 350 mm±10 mm,刻度为 0~1 000 mL。

(3)细筛:孔径为 2 mm、0.5 mm、0.25 mm;洗筛:孔径为 0.075 mm。

(4)天平:称量 100 g,感量 0.1 g;称量 100 g(或 200 g),感量 0.01 g。

(5)温度计:测量范围 0~50 ℃,精度 0.5 ℃。

(6)洗筛漏斗:上口直径略大于洗筛直径,下口直径略小于量筒直径。

(7)煮沸设备:电热板或电砂浴。

(8)搅拌器:底板直径 50 mm,孔径约 3 mm。

(9)其他:离心机、烘箱、三角烧瓶(500 mL)、烧杯(400 mL)、蒸发皿、研钵、木碾、称量铝盒、秒表等。

4. 试剂

浓度 25% 氨水、氢氧化钠(NaOH)、草酸钠($Na_2C_2O_4$)、六偏磷酸钠[$(NaPO_3)_6$]、焦磷酸钠($Na_4P_2O_3 \cdot H_2O$)等;若须进行洗盐手续,应有 10% 盐酸、5% 氯化钡、10% 硝酸、5% 硝酸银及 6% 双氧水等。

5. 试样

密度计分析土样应采用风干土。土样充分碾散,通过 2 mm 筛(土样风干可在烘箱内以不超过 50 ℃鼓风干燥)。

求出土样的风干含水率,并按式(3-17)计算试样干质量为 30 g 时所需的风干土质量,准确至 0.01 g。

$$m = m_s(1 + 0.01w) \tag{3-17}$$

式中:m 为风干土质量,计算至 0.01,g;m_s 为密度计分析所需干土质量,g;w 为风干土的含水率(%)。

6. 密度计校正

密度计应对刻度及弯月面、温度、土粒比重和分散剂等进行校正。

(1)密度计刻度及弯月面校正:按《标准玻璃浮计检定规程》(UG 86 — 2011)进行。土粒沉降距离校正参见《公路土工试验规程》(JTG E40 — 2007)条文说明。

(2)温度校正:当密度计的刻制温度是 20 ℃,而悬液温度不等于 20 ℃时,应进行校正,校正值查表3-8。

表 3-8　温度校正值

悬液温度 $t(℃)$	甲种密度计温度校正值 m_t	乙种密度计温度校正值 m_t'	悬液温度 $t(℃)$	甲种密度计温度校正值 m_t	乙种密度计温度校正值 m_t'
10.0	− 2.0	− 0.001 2	20.2	0.0	+ 0.000 0
10.5	− 1.9	− 0.001 2	20.5	+ 0.01	+ 0.000 1
11.0	− 1.9	− 0.001 2	21.0	+ 0.3	+ 0.000 2
11.5	− 1.8	− 0.001 1	21.5	+ 0.5	+ 0.000 3
12.0	− 1.8	− 0.001 1	22.0	+ 0.6	+ 0.000 4
12.5	− 1.7	− 0.001 0	22.5	+ 0.8	+ 0.000 5
13.0	− 1.6	− 0.001 0	23.0	+ 0.9	+ 0.000 6
13.5	− 1.5	− 0.000 9	23.5	+ 1.1	+ 0.000 7
14.0	− 1.4	− 0.000 9	24.0	+ 1.3	+ 0.000 8
14.5	− 1.3	− 0.000 8	24.5	+ 1.5	+ 0.000 9
15.0	− 1.2	− 0.000 8	25.0	+ 1.7	+ 0.001 0
15 5	− 1.1	− 0.000 7	25.5	+ 1.9	+ 0.001 1
16.0	− 1.0	− 0.000 6	26.0	+ 2.1	+ 0.001 3
16.5	− 0.9	− 0.000 6	26.5	+ 2.2	+ 0.001 4
17.0	− 0.8	− 0.000 5	27.0	+ 2.5	+ 0.001 5
17.5	− 0.7	− 0.000 4	27.5	+ 2.6	+ 0.001 6
18.0	− 0.5	− 0.000 3	28.0	+ 2.9	+ 0.001 8
18.5	− 0.4	− 0.000 3	28.5	+ 3.1	+ 0.001 9
19.0	− 0.3	− 0.000 2	29.0	+ 3.3	+ 0.002 1
19.5	− 0.1	− 0.000 1	29.5	+ 3.5	+ 0.002 2
20.0	− 0.0	− 0.000 0	30.0	+ 3.7	+ 0.002 3

（3）土粒比重校正：密度计刻度应以土粒比重 2.65 为准。当试样的土粒比重不等于 2.65 时，应进行土粒比重校正。校正值查表 3-9。

表 3-9　土粒比重校正值

土粒比重	甲种密度计 C_G	乙种密度计 C'_G	土粒比重	甲种密度计 C_G	乙种密度计 C'_G
2.50	1.038	1.666	2.70	0.989	1.588
2.52	1.032	1.658	2.72	0.985	1.581
2.54	1.027	1.649	2.74	0.981	1.575
2.56	1.022	1.641	2.76	0.977	1.568
2.58	1.017	1.632	2.78	0.973	1.562
2.60	1.012	1.625	2.80	0.969	1.556
2.62	1.007	1.617	2.82	0.965	1.549
2.64	1.002	1.609	2.84	0.961	1.543
2.66	0.998	1.603	2.86	0.958	1.538
2.68	0.993	1.595	2.88	0.954	1.532

（4）分散剂校正：密度计刻度系以纯水为准，当悬液中加入分散剂时，相对密度增大，故须加以校正。

注纯水入量筒，然后加分散剂，使量筒溶液达 1 000 mL。用搅拌器在量筒内沿整个深度上下搅拌均匀，恒温至 20 ℃。然后将密度计放入溶液中，测记密度计读数。此时密度计读数与 20 ℃时纯水中读数之差，即为分散剂校正值。

7. 土样分散处理

土样的分散处理，采用分散剂。对于使用各种分散剂均不能分散的土样（如盐渍土等），须进行洗盐。

分散剂和分散方法按如下规定进行：

进行土的分散之前，用煮沸后的蒸馏水，按 1:5 的土水比浸泡土样，摇振 3 min，澄清 0.5 h 后，用酸度计或 pH 值试纸测定土样悬液的 pH 值。按照酸性土（pH 值 <6.5）、中性土（pH 值 =6.5~7.5）、碱性土（pH 值 >7.5）分别选用分散剂。这样就可避免采用一种分散剂所带来的偏差。

对于一般易分散的土，用 25% 的氨水作为分散剂，其用量为：30 g 土样中加氨水 1 mL。

对于用氨水不能分散的土样，可根据土样的 pH 值，分别采用下列分散剂：

（1）酸性土（pH 值 <6.5），30 g 土样加 0.5 mol/L 氢氧化钠 20 mL。溶液配制方法：称取 20 g NaOH（化学纯），加蒸馏水溶解后，定容至 1 000 mL 摇匀。

(2)中性土(pH 值 =6.5 ~7.5),30 g 土样加 0.25 mol/L 草酸钠 18 mL。溶液配制方法:称取 33.5 g Na$_2$C$_2$O$_4$(化学纯),加蒸馏水溶解后,定容至 1 000 mL 摇匀。

(3)碱性土(pH 值 >7.5),30 g 土样加 0.083 mol/L 六偏磷酸钠 15 mL。溶液配制方法:称取 51 g(NaPO$_3$)(化学纯),加蒸馏水溶解后,定容至 1 000 mL 摇匀。

(4)若土的 pH 值大于8,用六偏磷酸钠分散效果不好或不能分散时,则用 30 g 土样加 0.125 mol/L 焦磷酸钠 14 mL。溶液配制方法:称取 55.8 g Na$_4$P$_2$O$_7$·10H$_2$O(化学纯),加蒸馏水溶解后,定容至 1 000 mL 摇匀。

对于以上分散剂,当加入时振荡,煮沸 40 min,即可分散。

对于强分散剂(如焦磷酸钠)仍不能分散的土,可用阳离子交换树脂(粒径大于 2 mm 的)100 g 放入土样中一起浸泡,不断摇荡约 2 h,再过 2 mm 筛,将阳离子交换树脂分开,然后加入 0.083 mol/L 六偏磷酸钠 15 mL,不煮沸即可分散。交换后的树脂,加盐酸处理,使之恢复后仍能继续使用。

对于可能含有水溶盐,采用以上方法均不能分散的土样,要进行水溶盐检验。其方法是:取均匀试样约 3 g,放入烧杯内,注入 4 ~6 mL 蒸馏水,用带橡皮头的玻璃棒研散,再加 25 mL 蒸馏水,煮沸 5 ~10 min,经漏斗注入 30 mL 的试管中,塞住管口,放在试管架上静置一昼夜。若发现管中悬液有凝聚现象(在沉淀物上部呈松散絮绒状),则说明试样中含有足以使悬液中土粒成团下降的水溶盐,要进行洗盐。

8.洗盐(过滤法)

对易溶盐含量超过总量 0.5% 的土样须进行洗盐,采用过滤法。具体如下:

(1)将分散用的试样放入调土皿内,注入少量蒸馏水,拌和均匀。将滤纸微湿后紧贴于漏斗上,然后将调土皿中土浆迅速倒入漏斗中,并注入热蒸馏水冲洗过滤。调土皿上的土粒要全部洗入漏斗。若发现滤液混浊,须重新过滤。

(2)应经常使漏斗内的液面保持高出土面约 5 mm。每次加水后,须用表面皿盖住。

(3)为了检查水溶盐是否已洗干净,可用两个试管各取刚滤下的滤液 3 ~5 mL,管中加入数滴 10% 硝酸及 5% 硝酸盐,至发现任一管中有白色沉淀时。将漏斗上的土样细心洗下,风干取样。

9.试验步骤

适用于甲、乙两种密度计。

(1)将称好的风干土样倒入三角烧瓶中,注入蒸馏水 200 mL,浸泡一夜。按前述规定加入分散剂。

(2)将三角烧瓶摇荡后,放在电热器上煮沸 40 min(若用氨水分散,要用冷凝管装置;若用阳离子交换树脂,则不需要煮沸)。

(3)将煮沸后冷却的悬液倒入烧杯中,静置 1 min。将上部悬液通过 0.075 mm 筛,注入 1 000 mL 量筒中。杯中沉土用带橡皮头的玻璃棒细心研磨。加水入杯中,搅拌后静置 1 min,再将上部悬液通过 0.075 mm 筛,倒入量筒。反复进行,直到静置 1 min 后,上部悬液澄清。最后将全部土粒倒入筛内,用水冲洗至仅有大于 0.075 mm 净砂。注意,量筒中的悬液总量不要超过 1 000 mL。

（4）将留在筛上的砂粒洗入皿中，风干称量，并计算各粒组颗粒质量占总土质量的百分数。

（5）向量筒中注入蒸馏水，使悬液恰为 1 000 mL（如用氨水作为分散剂，这时应再加入 25% 氨水 0.5 mL，其数量包括在 1 000 mL 内）。

（6）用搅拌器在量筒内沿整个悬液深度上下搅拌 1 mm，往返约 30 次，使悬液均匀分布。

（7）取出搅拌器，同时开动秒表。测记 0.5 min、1 min、5 min、15 min、30 min、60 min、120 min、240 min 及 1 440 min 的密度计读数，直至小于某粒径的土重百分数小于 10%。每次读数前 10~20 s 将密度计小心放入量筒至约接近估计读数的深度。读数以后，取出密度计（0.5 min 及 1 min 读数除外），小心放入盛有清水的量筒中。每次读数后均须测记悬液温度，准确至 0.5 ℃。

（8）若一次做一批土样（20 个），可先做完每个量筒的 0.5 min 及 1 min 读数，再按以上步骤将每个土样悬液重新依次搅拌一次。然后分别测记各规定时间的读数。同时，在每次读数后测记悬液的温度。

（9）密度计读数均以弯月面上缘为准。甲种密度计应准确至 1，估读至 0.1；乙种密度计应准确至 0.001，估读至 0.000 1。为方便读数，采用间读法，即 0.001 读作 1，而 0.000 1 读作 0.1，这样既便于读数，又便于计算。

10. 数据处理与分析

（1）小于某粒径的试样质量占试样总质量的百分比按式(3-18)~式(3-21)计算。
甲种密度计：

$$X = \frac{100}{m_s}C_G(R_m + m_t + n - G_D) \tag{3-18}$$

$$C_G = \frac{\rho_s}{\rho_s - \rho_{w20}} \times \frac{2.65 - \rho_{w20}}{2.65} \tag{3-19}$$

式中：X 为小于某粒径的土质量百分数（%），计算至 0.1；m_s 为试样质量（干土质量），g；C_G 为比重校正值，查表 3-9；ρ_s 为土粒密度，g/cm^3；ρ_{w20} 为 20 ℃时水的密度，g/cm^3；m_t 为温度校正值，查表 3-8；n 为刻度及弯月面校正值；G_D 为分散剂校正值；R_m 甲种密度计读数。

乙种密度计：

$$X = \frac{100V}{m_s}C'_G[(R'_m - 1) + m'_t + n' - C'_D]\rho_{w20} \tag{3-20}$$

$$C_G = \frac{\rho_s}{\rho_s - \rho_{w20}} \tag{3-21}$$

式中：X 为小于某粒径的土质量百分数（%），计算至 0.1；V 为悬液体积（1 000 mL）；m_s 为试样质量（干土质量），g；C'_G 为比重校正值，查表 3-9；ρ_s 为土粒密度，g/cm^3；ρ_{w20} 为 20 ℃时水的密度，g/cm^3；m'_t 为温度校正值，查表 3-8；n' 为刻度及弯月面校正值；C'_D 为分散剂校正值；R'_m 为乙种密度计读数。

（2）土粒直径按式（3-22）计算，也可按图 3-4 确定。

$$d = \sqrt{\frac{1\,800 \times 10^4 \eta}{(G_s - G_{wt})\rho_{w4}g} \times \frac{L}{t}}$$ (3-22)

式中：d 为土粒直径，mm，计算至 0.000 1 且含两位有效数字；η 为水动力黏滞系数，g·s/cm² 或 10^{-6} kPa·s；G_s 为土粒比重；G_{wt} 为温度为 t ℃时水的比重；ρ_{w4} 为水在 4 ℃时的密度，g/cm³；L 为某一时间 t 内的土粒沉降距离，cm；g 为重力加速度，9.81 m/s²；t 为沉降时间，s。

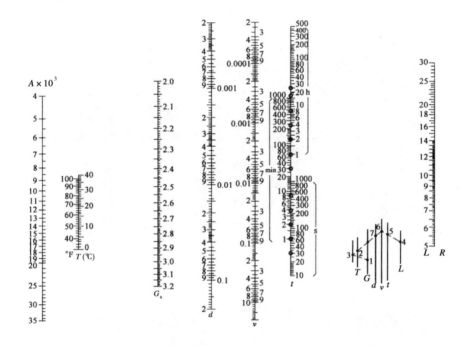

图 3-4　土粒直径列线图

为了简化计算，将式（3-22）改写成式（3-23）：

$$d = K\sqrt{\frac{L}{t}}$$ (3-23)

式中：K 为粒径系数，$K = \sqrt{\dfrac{1\,800 \times 10^4 \eta}{(G_s - G_{wt})\rho_{w4}g}}$，与悬液和土粒比重有关，其值见图 3-5。

（3）以小于某粒径的颗粒土质量百分数为纵坐标，以粒径（mm）为横坐标，在半对数纸上，绘制粒径分配曲线（见图 3-6）。求出各粒组的颗粒质量百分数，并且不大于的数据点至少有一个。

如果与筛分法联合分析，应将两段曲线绘成一平滑曲线。

（4）本试验记录格式如表 3-10 所示。

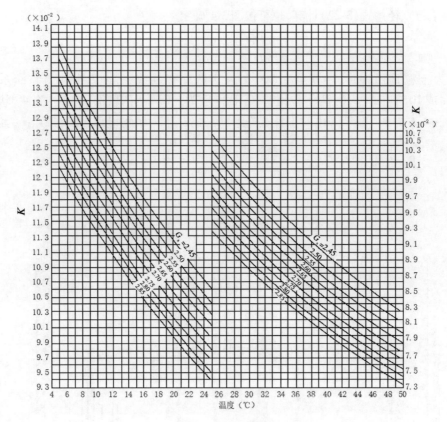

图 3-5　K 值计算图

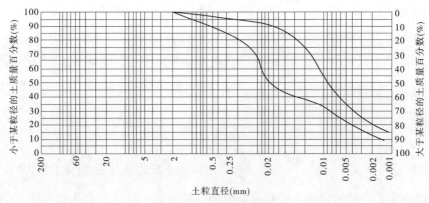

图 3-6　粒径级配曲线

11. 注意事项

(1)试样的状态。黏性土颗粒分析的结果主要取决于分析时的试样状态、制备方法和分析方法等因素。试样通常分为天然湿度、风干和烘干三种状态。

(2)试样的用量规定为 30 g。

(3)标准规定易溶盐含量大于 0.5% 的试样,应进行洗盐。

表 3-10　颗粒分析试验记录(甲种密度计)

工程名称＿＿＿＿＿＿＿＿　　土粒相对密度＿＿＿＿＿＿＿＿　　试验者＿＿＿＿＿＿＿＿

土样编号＿＿＿＿＿＿＿＿　　比重校正值＿＿＿＿＿＿＿＿　　计算者＿＿＿＿＿＿＿＿

土样说明＿＿＿＿＿＿＿＿　　密度计号＿＿＿＿＿＿＿＿　　校核者＿＿＿＿＿＿＿＿

烘干土质量＿＿＿＿＿＿＿＿　　量筒编号＿＿＿＿＿＿＿＿　　试验日期＿＿＿＿＿＿＿＿

下沉时间	悬液温度	密度计读数	温度校正值	分散剂校正值	刻度及弯液面校正	R	R_H	土粒沉降落距	粒径	小于某粒径的土质量百分数
$t(\min)$	$t(℃)$	R_m	m_t	C_D	n	$R_m + m_1 + n - C_D$	RC_G	$L(\text{cm})$	$d(\text{mm})$	$X(\%)$

3.5　界限含水率试验

根据含水率的不同,土体可处于流动状态、可塑状态、半固体状态和固体状态。流动状态和可塑状态的分界含水率称为土的液限,可塑状态和半固体状态的分界含水率称为土的塑限。在土遗址保护过程中,土的液限、塑限具有很重要的意义,通过这些数据可以进行塑性指数、液性指数的计算,并对土遗址本体的水敏性进行初判,对土的类别进行划分。

3.5.1　试验目的

采用液限、塑限联合测定法测定黏性土的液限 w_L 和塑限 w_P,并由此计算塑性指数 I_P、液性指数 I_L,进而判别黏性土的软硬程度。同时,作为黏性土的定名分类和估算土遗址地基土承载力的依据。

3.5.2　试验原理

液限、塑限联合测定法是根据圆锥仪的圆锥入土深度与其相应的含水率在双对数坐标上具有线性的特性来进行的。试验用圆锥质量为 76 g 或 100 g 的液限、塑限联合测定仪测定土在 3 种不同含水率时的圆锥入土深度,在双对数坐标纸上绘成圆锥入土深度与含水率的关系直线。在直线上查得圆锥入土深度为 17 mm 所对应的 17 mm 液限或查得圆锥入土深度为 10 mm 所对应的 10 mm 液限,查得圆锥入土深度为 2 mm 所对应的含水率为塑限,取值以百分数表示,准确至 0.1%。

3.5.3　试验方法

(1)碟式仪液限试验。适用于粒径小于 0.5 mm 的土。

(2)滚搓法塑性试验。适用于粒径小于 0.5 mm 的土。

(3)液限、塑限联合测定法。适用于粒径小于 0.5 mm 和有机质含量不大于试样总质量 5% 的土。

本节中主要介绍液限、塑限联合测定法。

3.5.4　仪器设备与材料

（1）液限、塑限联合测定仪。如图 3-7 所示,包括带标尺的圆锥仪、有电磁铁、显示屏、控制开关、测读装置、升降支座等,圆锥质量为 76 g,锥角为 30°,试样杯内径 40 mm,高 30 mm。

图 3-7　液限、塑限联合测定仪

（2）天平。称量 200 g,最小分度值为 0.01 g。

（3）其他。烘箱、干燥器、调土刀、不锈钢杯、凡士林、称量盒及孔径 0.5 mm 的筛等。

3.5.5　试验步骤

（1）宜采用天然含水率试样,当土样不均匀时,采用风干试样,当试样中含有大于 0.5 mm 的土粒和杂物时,应过 0.5 mm 的筛。

（2）当采用天然含水率土样时,取代表性土样 250 g;当采用风干试样时,取 0.5 mm 筛下代表性土样 200 g,将试样放在橡皮板上用纯水将土样调成均匀膏状,放入调土皿上,湿润过夜。

（3）用调土刀将制备的试样充分调拌均匀,分数次密实地填入试样杯中,注意填样时试样内部及试样杯边缘处均不应留有空隙,填满后刮平表面。

（4）将试样杯放在联合测定仪的升降台上,在圆锥上抹一薄层凡士林,接通电源,使电磁铁吸住圆锥。

（5）调节零点,将屏幕上的标尺调至零位;调整升降台,使圆锥尖接触试样表面,指示灯亮时圆锥在自重下沉入试样中,经 5 s 后读取圆锥下沉深度（显示屏幕上）。重复第（4）、（5）步骤 2~3 次,取其读数的平均值。

（6）取下试样杯,挖去锥尖入土的凡士林,取锥体附近的试样 10~15 g 放入试样盒内,测定含水率。

（7）将全部试样再加水（或吹干）调匀，重复第（3）～（6）步骤分别测定第 2、3 点试样的圆锥下沉深度及相应的含水率。液限、塑限联合测定应不少于 3 点。

3.5.6　数据处理与分析

（1）计算各试样的含水率，计算公式与含水率试验相同。

（2）绘制圆锥下沉深度 h 与含水量 w 的关系曲线。以含水率为横坐标，圆锥入土深度为纵坐标在双对数坐标纸上绘制关系曲线图，如图 3-8 所示。3 点应在 1 条直线上，如图 3-8 中 A 线所示。当 3 点不在 1 条直线上时，通过高含水率的点和其余 2 点连成 2 条直线，在下沉为 2 mm 处查得相应的 2 个含水率，当 2 个含水率的差值小于 2% 时，应以 2 点含水率的平均值与高含水率的点连 1 条直线，如图 3-8 中 B 线所示，当 2 个含水率的差值大于或等于 2% 时，应重做试验。

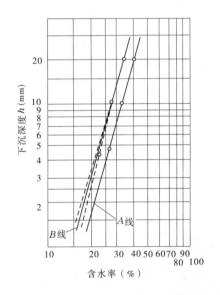

图 3-8　圆锥入土深度与含水率关系图

（3）在含水率与圆锥下沉深度的关系图上查得下沉深度为 17 mm 所对应的含水率为液限，查得下沉深度为 2 mm 所对应的含水率为塑限，取值以百分数表示，精确至 0.1%。

（4）按式（3-24）、式（3-25）分别计算塑性指数及液性指数。

$$I_P = w_L - w_P \tag{3-24}$$

$$I_L = \frac{w_0 - w_P}{I_P} \tag{3-25}$$

式中：I_P、I_L 分别为塑性指数和液性指数，计算至 0.01；w_P、w_L 分别为塑限和液限（%）；w_0 为天然含水率（%）。

（5）试验记录。如表 3-11 所示。

表 3-11　液限、塑限联合试验记录

工程名称＿＿＿＿＿＿＿＿＿＿＿＿＿＿　　　　试验者＿＿＿＿＿＿＿＿＿＿＿＿＿＿

土样说明＿＿＿＿＿＿＿＿＿＿＿＿＿＿　　　　计算者＿＿＿＿＿＿＿＿＿＿＿＿＿＿

试验日期＿＿＿＿＿＿＿＿＿＿＿＿＿＿　　　　校核者＿＿＿＿＿＿＿＿＿＿＿＿＿＿

试样编号							
圆锥下沉深度(mm)							
盒号							
盒质量(g)	(1)						
盒＋湿土质量(g)	(2)						
盒＋干土质量(g)	(3)						
水质量(g)	(4)＝(2)－(3)						
干土质量(g)	(5)＝(3)－(1)						
含水率(%)	(6)＝(4)/(5)×100						
平均含水率(%)	(7)						
液限	(8)						
塑限	(9)						
塑性指数	(10)						
液性指数	(11)						

3.5.7　注意事项

(1)3 点的圆锥入土深度宜为 3～4 mm、7～9 mm、15～17 mm。

(2)土样分层装杯时,注意土中不能留有空隙。

(3)每种含水率设 3 个测点,取平均值作为这种含水率所对应土的圆锥入土深度,若 3 点下沉深度相差太大,则必须重新调试土样。

3.6　砂的相对密度试验

相对密度是无凝聚性粗粒土紧密程度的指标,等于其最大孔隙比与天然孔隙比之差和最大孔隙比与最小孔隙比之差的比值。砂土的紧密程度对于土遗址地基的稳定性具有重要意义。砂土的密实度直接影响砂土的工程性质。砂土越密实,其抗剪强度就越大,压缩变形越小,承载能力也就越高。对于土遗址地基的稳定性,特别是在抗震稳定性分析方面具有重要的意义。本试验适用于粒径小于 5 mm 的土,且粒径 2～5 mm 的试样质量不大于试样总质量的 15%。

3.6.1　试验目的

求无凝聚性土的最大孔隙比与最小孔隙比,用于计算土的相对密度,借此了解该土在自然状态下或经压实后的松紧情况、土粒结构的稳定性。

3.6.2　试验原理

最大孔隙比的测定,是用漏斗漏砂于量筒内,使其达到最大松装体积,测出其最小干密度,并按 $e = \dfrac{G_s}{\rho_d} - 1$ 确定其最大孔隙比。

最小孔隙比的测定,是利用振动盛砂容器和锤击试样使土样达到最密实状态,求其最大干密度,并按 $e = \dfrac{G_s}{\rho_d} - 1$ 确定其最小孔隙比。

3.6.3　仪器设备与材料

(1)量筒:容积为 500 mL 及 1 000 mL 两种,后者内径应大于 60 mm。

(2)长颈漏斗:颈管内径约 12 mm,颈口磨平(见图 3-9)。

(3)锥形塞:直径约 15 mm 的圆锥体镶于铁杆上(见图 3-9)。

(4)砂面拂平器。

(5)电动最小孔隙比仪。

(6)金属容器,有以下两种:容积 250 mL,内径 50 mm,高度 127 mm 和容积 1 000 mL,内径 100 mm,高度 127 mm。

(7)振动仪(见图 3-10)。

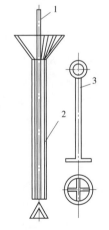

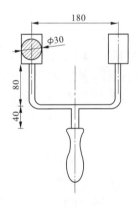

1—锥形塞;2—长颈漏斗;3—拂平器

图 3-9　长颈漏斗　　　　　　图 3-10　振动仪　(单位:mm)

(8)击锤:锤重 1.25 kg,高度 150 mm,锤座直径 50 mm(见图 3-11)。

(9)台秤:感量 1 g。

3.6.4　试验步骤

3.6.4.1　最大孔隙比的测定

（1）取代表性试样约 1.5 kg，充分风干（或烘干），用手搓揉或用圆木棍在橡皮板上碾散，并拌和均匀。

（2）将锥形塞杆自漏斗下口穿入，并向上提起，使锥体堵住漏斗管口，一并放入容积 1 000 mL 量筒中，使其下端与量筒底相接。

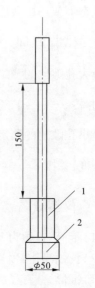

（3）称取试样 700 g，准确至 1 g，均匀倒入漏斗中，将漏斗与塞杆同时提高，移动塞杆使锥体略离开管口，管口应经常保持高出砂面 1~2 cm，使试样缓缓且均匀分布地落入量筒中。

（4）试样全部落入量筒后取出漏斗与锥形塞，用砂面拂平器将砂面拂平，勿使量筒振动，然后测读砂样体积，估读至 5 mL。

（5）以手掌或橡皮塞堵住量筒口，将量筒倒转，缓慢地转动量筒内的试样，并回到原来位置，如此重复几次，记下体积的最大值，估读至 5 mL。

1—击锤；2—锤座

图 3-11　击锤（单位：mm）

（6）取上述两种方法测得的较大体积值，计算最大孔隙比。

3.6.4.2　最小孔隙比的测定

（1）取代表性试样约 4 kg，充分风干（或烘干），用手搓揉或用圆木棍在橡皮板上碾散，并拌和均匀。

（2）分 3 次倒入容器进行振击，先取上述试样 600~800 g（其数量应使振击后的体积略大于容器容积的 1/3）倒入 1 000 cm³ 容器内，用振动仪以 150~200 次/min 的速度敲打容器两侧，并在同一时间内，用击锤于试样表面锤击 30~60 次/min，直到砂样体积不变（一般 5~10 min）。敲打时要用足够的力量使试样处于振动状态；振击时，粗砂可用较少击数，细砂应用较多击数。

（3）用电动最小孔隙比试验仪时，当试样同上法装入容器后，开动电机，进行振击试验。

（4）按"最大孔隙比的测定"中步骤（2）进行后，2 次加土的振动和锤击，第 3 次加土时应先在容器口上安装套环。

（5）最后一次振毕，取下套环，用修土刀齐容器顶面削去多余试样，称量，准确至 1 g，计算其最小孔隙比。

3.6.5　数据处理与分析

（1）按式（3-26）计算最大干密度与最小干密度：

$$\rho_{\text{dmax}} = \frac{m}{V_{\text{min}}} \quad \text{或} \quad \rho_{\text{dmin}} = \frac{m}{V_{\text{max}}} \tag{3-26}$$

式中：ρ_{dmax} 为最大干密度，g/cm³，计算至 0.01 g/cm³；ρ_{dmin} 为最小干密度，g/cm³，计算至

$0.01\ \mathrm{g/cm^3}$；m 为试样质量，g；V_{max} 为试样最大体积，$\mathrm{cm^3}$；V_{min} 为试样最小体积，$\mathrm{cm^3}$。

（2）按式（3-27）计算最大孔隙比与最小孔隙比：

$$e_{max} = \frac{\rho_w G_s}{\rho_{dmin}} - 1 \quad \text{或} \quad e_{min} = \frac{\rho_w G_s}{\rho_{dmax}} - 1 \tag{3-27}$$

式中：e_{max} 为最大孔隙比，计算至 0.01；e_{min} 为最小孔隙比，计算至 0.01；G_s 为土粒比重。

（3）按式（3-28）计算相对密度：

$$D_r = \frac{e_{max} - e_0}{e_{max} - e_{min}} \quad \text{或} \quad D_r = \frac{(\rho_d - \rho_{dmin})\rho_{dmax}}{(\rho_{dmax} - \rho_{dmin})\rho_d} \tag{3-28}$$

式中：D_r 为相对密度，计算至 0.01；ρ_d 为天然干密度或填土的相应干密度，$\mathrm{g/cm^3}$；e_0 为天然孔隙比或填土的相应孔隙比。

（4）本试验记录表格如表 3-12 所示。

表 3-12　相对密度试验记录

工程名称＿＿＿＿＿＿＿＿＿＿　土样编号＿＿＿＿＿＿＿＿　试验日期＿＿＿＿＿＿

试　验　者＿＿＿＿＿＿＿＿＿＿　计　算　者＿＿＿＿＿＿＿＿　校　核　者＿＿＿＿＿＿

试验项目		最大孔隙比	最小孔隙比	备注
试验方法		漏斗法	振击法	
试样＋容器质量(g)	①			
容器质量(g)	②			
试样质量(g)	③	①－②		
试样体积(cm³)	④			
干密度(g/cm³)	⑤	③/④		
平均干密度(g/cm³)	⑥			
比重 G_s	⑦			
孔隙比 e	⑧			
天然干密度(g/cm³)	⑨			
天然孔隙比 e_0	⑩			
相对密度 D_r	⑪			

（5）精密度和允许差。

最小干密度与最大干密度，均须进行两次平行测定，取其算术平均值，其平行差值不得超过 $0.03\ \mathrm{g/cm^3}$。

3.7　击实试验

用标准击实试验方法，在一定夯击功能下测定各种细粒土、含砾土等的含水率与干密度的关系。用锤击的方法，使土体密度得以增大到最佳程度。但土在一定击实效应下，因其含水率不同,密实度也不相同,在工程实践中常把最能符合工程技术要求的,使土体能获得最大密实状态的含水率,称为最佳含水率,而此时土体的干密度称为最大干密度。

3.7.1　试验目的

击实试验的目的就是利用标准化的击实仪器和规定的标准方法,测出扰动土的最大干密度和最优含水率,为土遗址的保护提供数据资料。

3.7.2　试验原理

击实试验的原理是根据土的三相体(颗粒、空气、水分)之间的体积变化理论及水膜润滑理论,即用锤击法使土中气体从孔隙逸出,土颗粒得到重新排列,随着含水率的不同而排列也在变化。当土颗粒达到密实度最大时的干密度和相应的含水率即为击实所求指标。

3.7.3　试验方法

室内击实试验是研究土压实性的基本方法,是填土工程不可或缺的重要试验项目。土的击实试验分为轻型击实试验和重型击实试验两类,表 3-13 是我国国标的击实试验方法和仪器设备的主要技术参数。具体选用应根据工程实际情况而定。

表 3-13　击实试验方法和仪器设备的主要技术参数

试验方法	锤底直径(mm)	锤质量(kg)	落高(mm)	击实筒尺寸			护筒高度(mm)	层数	每层击数	锤击能(kJ/m³)	最大粒径(mm)
				内径(mm)	筒高(mm)	容积(cm³)					
轻型	51	2.5	305	102	116	947.4	≥50	3	25	592.2	5
重型	51	4.5	457	152	116	2 103.9	≥50	5	56	2 684.9	40

轻型击实试验分 3 层击实,每层 25 击;重型击实试验若分 5 层击实,每层 56 击,若分 3 层击实,每层 94 击。

轻型击实试验适用于粒径小于 5 mm 的黏性土;重型击实试验适用于粒径不大于 20 mm 的土,采用 3 层击实时,最大粒径不大于 40 mm。

3.7.4　仪器设备与材料

(1)击实仪(尺寸参数如表 3-13 所示):由击实筒(如图 3-12 所示)、击锤(如图 3-13 所示)和护筒组成。

(2)击实仪的击锤应配导筒,击锤与导筒应有足够的间隙使锤能下落;电动操作的击锤必须有控制落距的跟踪装置和锤击点按照一定角度(轻型 53.5°、重型 45°)均匀分布的装置(重型击实仪中心点每圈要加一击)。

(3)天平。称量 200 g,最小分度值为 0.01 g;称量 5 000 g,最小分度值为 1.0 g。

(4)台秤。称量 10 g,最小分度值为 5 g。

(5)标准筛。孔径为 40 mm、20 mm、5 mm。

(6)试样推出器。宜用螺旋式千斤顶或液压千斤顶。

（7）其他。电热烘箱、喷水设备、碾土器、盛土盘、量筒、称量盒、修土刀、保湿器、塑料袋、润滑油等。

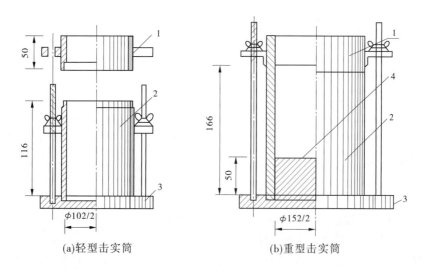

(a)轻型击实筒　　　　　　　　　　(b)重型击实筒

1—套筒;2—击实筒;3—底板;4—垫块

图 3-12　击实筒　（单位:mm）

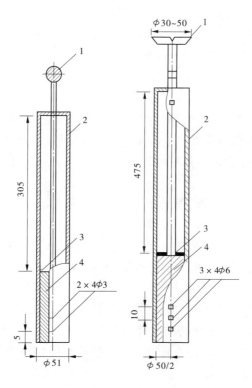

1—提手;2—导筒;3—硬橡皮垫;4—击锤

图 3-13　导筒与击锤　（单位:mm）

3.7.5　试验步骤

3.7.5.1　试样制备

试样分干法制备和湿法制备两种。

1. 干法制备

称取有代表性的风干土样,对于轻型击实试验为 20 kg,对于重型击实试验为 50 kg。

(1)将风干土样用碾土器碾散后,轻型击实后过 5 mm 筛,并将筛下的土样拌匀,并测定土样的风干含水率。根据土的塑限预估最优含水率,按依次相差约 2% 的含水率制备一组(不少于 5 个)试样,其中应有 2 个含水率大于塑限,2 个含水率小于塑限,1 个含水率接近于塑限,并按式(3-29)计算应加水量。

$$m_{\mathrm{w}} = \frac{m}{1 + 0.01w_0} \times 0.01(w - w_0) \tag{3-29}$$

式中:m_{w} 为土样所需加水质量,g;m 为风干含水率时的土样质量,g;w_0 为风干含水率(%);w 为土样所要求的含水率(%)。

(2)重型击实试验若采用 5 层击实,则过 20 mm 筛;若采用 3 层击实,则过 40 mm 筛。将筛下的土样拌匀,并测定土样的风干含水率。按依次相差约 2% 的含水率制备一组(不少于 5 个)试样,其中应有 2 个含水率大于塑限,2 个含水率小于塑限,1 个含水率接近于塑限,并按式(3-29)计算应加水量。

(3)将一定量土样平铺于不吸水的盛土盘内(轻型击实取土样约 2.5 kg,重型击实取土样约 5.0 kg),按预定含水率用喷水设备往土样上均匀喷洒所需加水量,拌匀并装入塑料袋内或密封于盛土器内静置 24 h 备用。

2. 湿法制备

取天然含水率的代表性土样(轻型为 20 kg,重型为 50 kg)碾散,按重型击实和轻型击实的要求过筛,将筛下的天然含水率土样拌匀,分别风干或加水到所要求的不同含水率。制备试样时必须使土样中含水率分布均匀。

3.7.5.2　试样击实

(1)将击实仪平稳地置于刚性基础上,击实筒与底座连接好,安装好护筒,在击实筒内壁均匀地涂上一层润滑油。检查仪器各部件及配套设备的性能是否正常,并做好记录。

(2)从制备好的一份试样中称取一定量土料,对于分 3 层击实的轻型击实法,每层土料的质量为 600~800 g(其量应使击实后的试样高度略高于击实筒的 1/3),倒入击实筒内,并将土面整平,每层 25 击,分层击实。对于分 5 层击实的重型击实法,每层土料的质量宜为 900~1 100 g(其量应使击实后的试样高度略高于击实筒的 1/5),每层 56 击;若分 3 层击实的重型击实法,每层土料的质量宜为 1 700 g 左右,每层 94 击。若为手工击实,应保证击锤自由铅直下落,锤击点必须均匀地分布于土面上;若为机械击实,可将定数器拨到所需的击数处,按动电钮进行击实。击实后的每层试样高度应大致相等,两层交接的土面应刨毛。击实完成后,超出击实筒顶的试样高度应小于 6 mm。

(3)用修土刀沿护筒内壁削挖后,扭动并取下护筒,沿击实筒顶细心修平试样,拆除底板。若试样底面超出筒外,也应修平。擦净筒外壁,称筒与试样的总质量,精确至 1.0 g,

并计算试样的湿密度。

（4）用推土器从击实筒内推出试样，从试样中心处取下 2 个代表性试样，测定含水率（轻型为 15 ~ 30 g，重型为 50 ~ 100 g），两个含水率的差值应不大于 1%。

（5）按照上述步骤对其他含水率的试样进行击实试验。

3.7.6　数据处理与分析

3.7.6.1　计算

（1）按式（3-30）计算击实后各试样的含水率：

$$w = \left(\frac{m}{m_\mathrm{d}} - 1 \right) \times 100 \tag{3-30}$$

式中：w 为含水率（%）；m 为湿土质量，g；m_d 为干土质量，g。

（2）按式（3-31）计算击实后各试样的干密度：

$$\rho_\mathrm{d} = \frac{\rho}{1 + 0.01w} \tag{3-31}$$

式中：ρ_d 为干密度，g/cm³；ρ 为湿密度，g/cm³；w 为含水率（%）。

密度计算至 0.01 g/cm³。

（3）按式（3-32）计算土的饱和含水率：

$$w_\mathrm{sat} = \left(\frac{\rho_\mathrm{w}}{\rho_\mathrm{d}} - \frac{1}{G_\mathrm{s}} \right) \times 100 \tag{3-32}$$

式中：w_sat 为饱和含水率（%）；G_s 为土粒比重；ρ_d 为土的干密度，g/cm³；ρ_w 为水的密度，g/cm³。

3.7.6.2　制图

（1）以干密度为纵坐标，含水率为横坐标，绘制干密度与含水率的关系曲线图。曲线上峰值点的纵、横坐标分别代表土的最大干密度和最优含水率，如图 3-14 所示，如果曲线不能给出峰值点，应进行补点试验或重做试验。击实试验一般不宜重复使用土样，以免影响准确性（重复使用土样会使最大干密度偏高）。

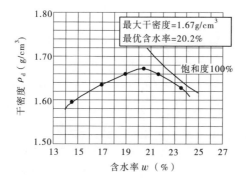

图 3-14　ρ_d—w 关系曲线

（2）按式（3-32）计算数个干密度下的饱和含水率。在图 3-14 上绘制饱和曲线。

3.7.6.3　校正

轻型击实试验中，当粒径大于 5 mm 的颗粒含量小于或等于 30% 时，应对最大干密度和最优含水率进行校正。

（1）最大干密度按式（3-33）进行校正，计算至 0.1 g/cm³。

$$\rho'_{dmax} = \frac{1}{\dfrac{1-P}{\rho_{dmax}} + \dfrac{P}{G_{s2}\rho_w}} \tag{3-33}$$

式中：ρ'_{dmax} 为校正后试样的最大干密度，g/cm³；ρ_{dmax} 为击实试样的最大干密度，g/cm³；ρ_w 为水的干密度，g/cm³；P 为粒径大于 5 mm 颗粒的含量（用小数表示）；G_{s2} 为粒径大于 5 mm 颗粒的干比重，系指当土粒呈饱和面干状态时的土粒总质量与相当于土粒总体积的纯水 4 ℃时质量的比值，计算至 0.01 g/cm³。

（2）最优含水率应按式（3-34）进行校正，计算至 0.1%。

$$w'_{0p} = w_{0p}(1-P) + Pw_2 \tag{3-34}$$

式中：w'_{0p} 为校正后试样的最优含水率（%）；w_{0p} 为击实试样的最优含水率（%）；w_2 为粒径大于 5 mm 土粒的吸着含水率（%）；P 为粒径大于 5 mm 颗粒的含量，用小数表示。

3.7.6.4　试验记录

击实试验记录见表 3-14。

表 3-14　击实试验记录表

工程名称 ＿＿＿＿＿＿＿＿＿＿＿＿　　试验者＿＿＿＿＿＿＿＿＿＿＿＿

土样说明 ＿＿＿＿＿＿＿＿＿＿＿＿　　计算者＿＿＿＿＿＿＿＿＿＿＿＿

试验日期 ＿＿＿＿＿＿＿＿＿＿＿＿　　校核者＿＿＿＿＿＿＿＿＿＿＿＿

土粒比重：　　每层击数：　　风干含水率：　　击实筒体积：　　估计最优含水率：

试验序号	干密度				含水率				
	筒质量（g）	筒+土质量(g)	湿土质量（g）	干土质量（g）	盒号	盒+湿土质量(g)	盒+干土质量(g)	含水率（%）	平均含水率（%）
	(1)	(2)	(3)	(4)		(5)	(6)	(7)	(8)
1									
2									
3									
4									

3.7.7　注意事项

(1)击实仪、天平和其他计算器具应按有关规定、规程进行检定。

(2)击实筒应放在坚硬的地面上(如混凝土地面),击实筒内壁和底板均需涂一薄层润滑油(如凡士林)。

(3)击实仪的击锤应配导筒,击锤与导筒间应有足够的间隙使锤能自由下落。电动操作的击锤在试验前后应对仪器的性能(特别对落距跟踪装置)进行检查并做记录。

(4)击实一层后,用刮土刀把土样表面刮毛,使层与层之间压密。应控制击实筒余土高度小于 6 mm,否则试验无效。

3.8　土的收缩试验

我国西北地区的新疆、甘肃、宁夏和陕西及中原地区的河南境内遗存有大量的古代土建筑遗址,它们大部分是由粉质黏土、粉土及夹砂粉土夯筑而成。干燥收缩是土的一项基本变形特性,各类土体在相同干燥环境下又会表现出不同的变形特性,容易造成遗址土的收缩开裂、裂隙发育等病害。通过土的收缩试验可以对土遗址本体失水后的收缩特性进行定量评价。

3.8.1　试验目的

测定土样含水率与垂直收缩变形关系曲线,确定土的缩限、体缩率或线缩率,计算土的收缩系数,为胀缩土的综合评价提供依据。

3.8.2　试验原理

反映土收缩特性的指标有线缩率、体缩率和缩限等,这些指标均可由收缩试验求得。试验时将试样放在多孔板上,试样上表面中心放置测板,试样失水收缩后高度减少引起测板高度随之降低,由百分表测得其降低的幅度(为试样收缩量),该收缩量与试样初始高度之比即为线缩率,试样体积减少量与初始体积之比即为体缩率,试样含水率减少而试样体积不再减少的界限含水率即为缩限,缩限可在线缩率与含水率关系曲线上直接求出。

3.8.3　仪器设备与材料

(1)收缩仪:由多孔板、测板、垫块和支架组成(见图 3-15),其中多孔板直径 70 mm,厚约 4 mm,板上小孔面积占整个面积 50% 以上;测板直径 10 mm,厚 4 mm。特制的收缩仪用电热蒸发或干燥剂吸水,并与天平相配套,可控温度范围为 10 ~ 40 ℃。

(2)环刀:直径 61.8 mm,高度 20 mm。

(3)测微表:精度 0.01 mm,最大量距 10 mm 的百分表。

(4)其他:游标卡尺、推土块、凡士林、干燥器及蜡封工具、天平(感量 0.1 g)。

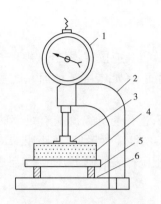

1—量表;2—支架;3—测板;4—试样;5—多孔板;6—垫块

图 3-15　收缩仪示意图

3.8.4　试验步骤

（1）试样制备。

①开样。

将土样筒按标明的上下方向放置,剥去蜡封和胶带,开启土样筒取出土样。检查土样结构,当确定土样已受扰动或取土质量不符合规定时,不应制备力学性质试验的试样。

②切样。

用环刀切取试样时,先在环刀内壁涂一薄层凡士林,刃口向下放在土样上,将环刀垂直下压,并用切土刀沿环刀外侧切削土样,使土柱略大于环刀,边压边削至土样高出环刀,根据试样的软硬采用钢丝锯或切土刀整平环刀两端土样,擦净环刀外壁,称环刀和土的总质量,并从余土中取代表性试样测定含水率和比重。

（2）安装试样。

①用环刀切好试样后,将试样推出环刀(当试样不紧密时,应采用风干脱环法)置于多孔板上,称试样和多孔板的质量,准确至 0.1 g。装好百分表,记下初始读数。

②连同试样和多孔板一起置于收缩仪的垫块上,在试样上部中心放上测板,安装测微表,使测微表对准测块中心,调整零点或记下初读数。

③室温不得高于 30 ℃条件下进行收缩试验,根据试样含水率及收缩速度,每隔 1～4 h测记百分表读数,并称整套装置和试样质量,准确至 0.1 g。2 d 后,每隔 6～24 h 测记百分表读数并称质量,直至两次百分表读数基本不变。称质量时应保持百分表读数不变。在收缩曲线的 1 阶段内,应取得不少于 4 个数据。当两次测微表读数差在 0.02 mm 时,还需继续测读两次以上,直到基本不变。

④试验结束,取出试样,并在 105～110 ℃烘干,称干土质量,准确至 0.1 g。

⑤用游标卡尺测试样高度及直径,测定 3～4 个点求其平均值,计算收缩后试样体积。

3.8.5　数据处理与分析

3.8.5.1　计算试样含水率

试样在不同时间的含水率按式(3-35)计算:

$$w_i = \left(\frac{m_i}{m_d} - 1 \right) \times 100 \tag{3-35}$$

式中:w_i 为某时刻试样的含水率(%);m_i 为某时刻试样的质量,g;m_d 为试样烘干后的质量,g。

3.8.5.2　计算线缩率

按式(3-36)计算线缩率:

$$\delta_{sl} = \frac{z_t - z_0}{h_0} \times 100 \tag{3-36}$$

式中:δ_{sl} 为试样在某时刻的线缩率(%);z_t 为某时刻的百分表读数,mm;z_0 为试样的初始百分表读数,mm;h_0 为试样的初始高度,mm。

3.8.5.3　计算体缩率

按式(3-37)计算体缩率:

$$\delta_v = \frac{v_0 - v_d}{v_0} \times 100 \tag{3-37}$$

式中:δ_v 为体缩率(%);v_0 为试样的初始体积,cm^3;v_d 为烘干后试样的体积,cm^3。

3.8.5.4　确定缩限

土的缩限应按下列作图法确定。

(1)以线缩率为纵坐标,含水率为横坐标,绘制如图 3-16 所示的关系曲线。

(2)在曲线上延长第Ⅰ、Ⅲ阶段的直线段至两者相交,交点 E 所对应的横坐标即为原状土的缩限 w_s。

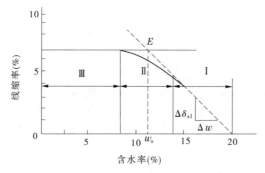

图 3-16　线缩率与含水率的关系曲线

3.8.5.5　计算收缩系数

收缩系数按式(3-38)计算:

$$\lambda_n = \frac{\Delta \delta_{sl}}{\Delta w} \tag{3-38}$$

式中:λ_n 为竖向收缩系数;Δw 为收缩曲线上第Ⅰ阶段两点的含水率之差(%);$\Delta \delta_{sl}$ 为与 Δw 相对应的两点线缩率之差(%)。

3.8.5.6　试验成果记录

收缩试验的记录格式参见表 3-15。

表 3-15　收缩试验记录

试样编号：＿＿＿＿＿＿＿＿＿；　试样初始高度 h_0：＿＿＿＿＿＿＿＿＿＿（mm）；

初始读数 z_0：＿＿＿＿＿＿（mm）；　整套设备质量：＿＿＿＿＿＿＿＿＿（g）；

初始体积：＿＿＿＿＿＿（cm³）；　烘干后试样质量 m_d：＿＿＿＿＿＿＿（g）；

烘干后试样体积 V_d：＿＿＿＿＿＿＿＿＿＿（cm³）

时间 （d，h）	百分表 读数 （0.01 mm）	单向收缩量 （mm）	线缩率 （%）	整套设备 和试样质量 （g）	试样质量 （g）	水质量 （g）	含水率 （%）

试验小组：＿＿＿＿＿；　试验成员：＿＿＿＿＿；　计算者：＿＿＿＿＿；　试验日期：＿＿＿＿＿＿＿＿

3.9　土的毛细上升高度试验

毛细水的上升将导致土遗址本体及地基土性能劣化，赋存状态改变。土的毛细上升高度是水在土孔隙中因毛细作用而上升的最大高度。其上升高度和速度取决于土的孔隙、有效粒径、土孔隙中吸附空气和水的性质以及温度等，可用试验方法测定。

3.9.1　试验目的

测定土的毛细管水上升高度和速度，用于评估地下水位升高时土遗址被浸湿的可能性和浸湿的程度。结合土遗址的特点，本试验采用直接观测法，即在含水率与上升高度的关系曲线上，取含水率等于塑限时的下部高度为强烈毛细管水上升高度。

3.9.2　试验原理

水在毛细管中上升的原因，主要是液体的表面由于内聚力的作用总是期望缩小至最小面积，这种趋势使得弯液面总是期望向水平发展。但是，当弯液面的中心部分上升一点，固体与液体表面的浸湿力又立即将弯液面的边缘牵引向上，这就一方面使毛细水上升，另一方面也试图保持弯液面的存在，这种相互斗争直到毛细水上升所形成的水柱重量与浸湿力相平衡时才停止，此时毛细管水上升达到最大高度。

由于毛细作用，常在地下水位以上形成一个湿润的毛细水带，在该带内土的湿度增大，从而影响土的性质和危及土遗址地基的稳定性，造成土壤盐渍化等。

目前测定毛细管水上升高度，大多采用直接观测法，并按土的塑限值从上升高度与含水率的关系曲线上查出强烈毛细管水上升高度。

3.9.3　仪器设备与材料

（1）毛细管试验仪：包括试验架、有机玻璃试样管、有机玻璃盛水筒、特制弹簧及挂绳等。有机玻璃试样管内径 4.0 ~ 4.5 cm、壁厚 3 mm 左右,每 10 cm 开一直径 10 mm 的小洞,洞口配有能拧紧的有机玻璃小盖,下端和有机玻璃底座用丝扣相接,距零点 1 cm 处开一排气小孔。管顶有可以通气的铝盖。底座上配有橡皮垫圈和铜丝网。若两根管相接,还有连接接口和螺栓。用特制弹簧保证盛水下降时水面高度始终保持不变,如图 3-17所示。

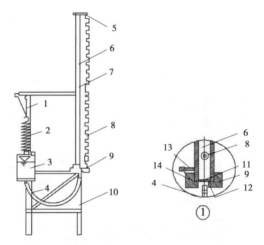

1—挂绳;2—特制弹簧;3—盛水筒;4—塑料管;5—铝盖;6—有机玻璃试样管;7—接口;
8—φ10 mm 小洞及螺盖;9—底座(见①);10—试验架;11—铜丝网;12—多孔圆铜板;13—排气孔;14—橡胶垫圈

图 3-17　毛细管试验仪

（2）其他:天平(感量 0.01 g)、烘箱、漏斗、捣棒等。

3.9.4　试验步骤

（1）装好毛细管试验仪,将底座的垫圈和铜丝网垫好,然后与有机玻璃试样管拧紧,同时将管上排气孔和小孔全部拧上盖。

（2）取具有代表性的风干土样 5 kg 左右(每个管需土 2.0 ~ 2.5 kg),用漏斗分数次装入有机玻璃试样管中,并用捣棒不断振捣,使其密实度均匀。当装满一根管后,需要继续拼接时,用胶布将两管包好,外用接口接上,拧紧固定螺栓,继续将土样装入,同时边用捣棒振捣,直至装满。顶端盖上铝盖。

（3）将有机玻璃试样管放入装好的试验架上,固定管身,使其垂直。

（4）将盛水筒装满水,盖上盖子,拧上弹簧,接上塑料管,挂上挂绳。

（5）用水平尺控制盛水筒水面比有机玻璃管零点高出 0.5 ~ 1.0 cm,然后固定挂绳于挂钩上,这时筒内水面高度将始终保持不变。

（6）接通塑料管和有机玻璃试样管底部的接口,然后开启排气小孔,使空气排出,直到孔内有水流出时,拧紧螺帽。

（7）从小孔有水排出时计起,经 30 min、60 min,以后每隔数小时,根据管中土的颜色,测记该时的毛细管水上升高度,直到上升稳定。

（8）若需要了解强烈毛细管水上升高度,可将筒壁小洞盖打开,依次用小勺取出土样,测其含水率。

3.9.5　数据处理与分析

（1）在半对数纸上,以毛细管水上升高度 h 为纵坐标,以时间 t 为横坐标,绘制毛细管水上升高度 h 与时间 t 的关系曲线,如图 3-18 所示。

h—t 的关系曲线一般近似抛物线,可按式(3-39)表达:

$$h = \sqrt[n]{mt} \qquad (3-39)$$

式中:n、m 试验常数,用最小二乘法求得。

（2）绘制毛细管水上升高度 h 与含水率 w 的关系曲线,如图 3-19 所示。在横坐标上找出含水率等于该土塑限之点,从该点引垂线,交曲线于 A 点,再由 A 点引水平线,交纵坐标于 B 点。B 点的纵坐标即代表该土的强烈毛细管水上升高度 h_c。

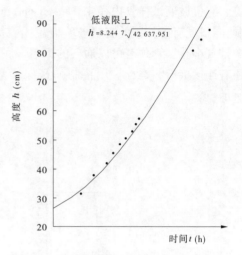

图 3-18　毛细管水上升高度与时间的关系

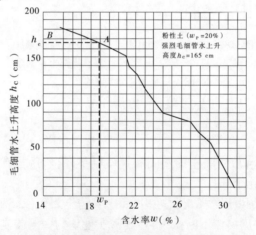

图 3-19　毛细管水上升高度与含水率的关系

（3）试验记录格式如表 3-16 所示。

根据毛细管水上升高度与时间的关系曲线,可用最小二乘法求得曲线的类型,并可估算毛细管水上升的平均速度。

3.9.6　注意事项

（1）对于试验需时较长的土（如黏性土）,可适当放宽观测时间,在中后期可以天数计。

（2）提高盛水筒水头,可缩短观测时间。

（3）根据工程要求，装土样于试验管中时，可采用风干土样，或按最佳含水率加水，拌匀分层捣实。

表 3-16　强烈毛细管水上升高度试验记录

土样编号＿＿＿＿＿　　土样说明＿＿＿＿＿　　仪器编号＿＿＿＿＿＿＿＿＿＿＿＿

计 算 者＿＿＿＿＿　　校 核 者＿＿＿＿＿　　试验日期＿＿＿＿＿＿＿＿＿＿＿＿

读数 时间	日	时	分	日	时	分	日	时	分	日	时	分	日	时	分	日	时	分
毛细管水 上升高度 （cm）																		
含水率 （%）																		

3.10　崩解试验

崩解，土工试验规程中称为湿化。土的湿化是指非饱和土浸水后在自重作用下土颗粒重新调整其相互之间的位置，改变原来结构，土体发生强度损失、产生变形的过程。在外界环境及人为扰动下，土遗址本体中存在大量裂隙，土的崩解效应更加明显。

3.10.1　试验目的

测定黏质土体在水中的崩解速度，作为湿法筑坝选择土料的标准之一。

3.10.2　仪器设备与材料

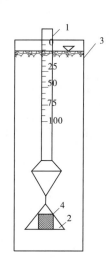

（1）浮筒：长颈锥体，下有挂钩，颈上有刻度，分度值为5，如图 3-20 所示。

（2）网板：10 cm × 10 cm。金属方格网，孔眼 1 cm²，可挂在浮筒下端。

（3）玻璃水筒：宽约 15 cm，高约 70 cm，长度视需要而定，内盛清水。

（4）天平：称量 500 g，分度值 0.01 g。

（5）其他：烘箱、干燥器、时钟、切土刀、调土皿、称量皿等。

1—浮筒;2—网板;
3—玻璃水筒;4—试样

图 3-20　湿化仪示意图

3.10.3　试验步骤

（1）按需要取原状土或用扰动土制备成所需状态的土样，用切土刀切成边长为 5 cm 的立方体试样。

(2)按本章3.1节和3.2节测定试样的含水率及密度。

(3)将试样放在网板中央,网板挂在浮筒下,然后手持浮筒颈端,迅速地将试样浸入水筒中,开动秒表。

(4)立即测记开始时浮筒齐水面处刻度的瞬间稳定读数及开始时间。

(5)在试验开始时按1 min、3 min、10 min、30 min、60 min、2 h、3 h、4 h、⋯测记浮筒齐水面处的刻度读数,并描述各时段试样的崩解情况,根据试样崩解的快慢,可适当缩短或增长测读的时间间隔。

(6)当试样完全通过网格落下后,试验即告结束。如果试样长期不崩解时,则记试样在水中的情况。

(7)按式(3-40)计算崩解量:

$$A_t = \frac{R_t - R_0}{100 - R_0} \times 100 \tag{3-40}$$

式中:A_t 为试样在时间 t 时的崩解量(%);R_t 为时间 t 时浮筒齐水面处的刻度读数;R_0 为试验开始时浮筒齐水面处刻度的瞬间稳定读数。

3.10.4　数据处理与分析

本试验的记录格式如表3-17所示。

表3-17　崩解试验记录

密度(g/cm³)_____含水率(%)_____

观察时间	经过时间	浮筒读数	浮筒读数差	崩解量	崩解情况
年-月-日 T 时:分	时:分	R_t	$R_t - R_0$	$A_t = \frac{R_t - R_0}{100 - R_0} \times 100$	

3.11　渗透试验

渗透试验是利用一些试验器具测定岩土的渗透系数的试验,是评价土遗址本体抗渗性能及其加固材料抗水害能力的重要参数。测试方法分为室内试验和野外测定试验两大类。本节中仅对室内试验方法进行介绍。在实验室中测定渗透系数 k 的仪器种类和试验方法很多,但从试验原理上大体可分为"常水头法"和"变水头法"两种。

3.11.1　试验目的

测量土体的渗透系数 k。

3.11.2　试验原理

渗透试验原理就是在试验装置中测出渗流量、不同点的水头高度,从而计算出渗流速度和水力梯度,代入式(3-41)计算出渗透系数。

$$v = ki \tag{3-41}$$

式中:k 为渗透系数,cm/s;v 为渗流速度,$v = q/A$,cm/s;q 为单位时间渗流量,cm^3/s;A 为垂直渗流方向的横截面面积,cm^2;i 为水力梯度,$i = h/L$;h 为水位差,cm;L 为渗径长度,cm。

由于土的渗透系数变化范围很大,自大于 10^{-1} cm/s 到小于 10^{-7} cm/s,故实验室内常用两种不同的试验装置进行试验:常水头试验装置用来测定渗透系数 k 比较大的无凝聚性土的渗透系数;变水头渗透试验装置用来测定渗透系数 k 比较小的凝聚性土的渗透系数。特殊设计的变水头试验测定粗粒渗透系数和常水头试验测定渗透性极小的黏性土渗透系数也很常用。

3.11.3　仪器设备与材料

3.11.3.1　常水头试验

(1)70 型渗透仪。

(2)附属设备:木锤、秒表、天平等。

3.11.3.2　变水头试验

(1)改进南 55 型渗透仪,试样高 $L = 4$ cm,试样横截面面积 $A = 30$ cm^2;

(2)辅助设备:切土器、秒表、温度计、削土刀、凡士林等。

3.11.4　试验步骤

3.11.4.1　常水头试验

(1)装好仪器,检查是否漏水。将调节管与供水管相连,由仪器底部充水至水位达到金属透水板顶面时,放入滤纸,关止水夹。

(2)取代表性风干土样 3~4 kg,称重精确至 1 g,测定风干含水率。

(3)将试样分层装入仪器,根据预定孔隙比控制试样密度。每层装完后从调节管进水至试样顶面。最后一层应高出上测压管孔 3~4 cm。待最后一层试样饱和后,继续使水位上升至圆筒顶面。将调节管卸下,使管口高于圆筒顶面,观测 3 个测压管水位是否与孔口齐平。

(4)量测试样顶面至筒顶余高,计算出试样高度。称量剩余土样,计算出装入质量,计算试样干密度和孔隙比。

(5)供水管向圆筒顶面供水,使水面始终保持与渗透仪顶面齐平,同时降低调节管高度,形成自下向上方向的渗流。固定调节管在某一高度,过一段时间后,3 个测压管水位达到稳定值,表明形成稳定渗流场。

(6)记录 3 个测压管水位 H_1、H_2、H_3,则测压管 Ⅰ 和 Ⅱ 水位差为 $h_1 = H_1 - H_2$,测压管Ⅱ 和Ⅲ的水位差为 $h_2 = H_2 - H_3$。计算渗径长度为 $L = 10$ cm 的平均水位差 $h = (h_1 + h_2)/2 = (H_1 - H_3)/2$。

(7)开动秒表,用量筒接取经过一段时间 Δt 的渗流量 ΔQ,量测渗透水的水温 T。

(8)改变调节管的高度,达到渗透稳定后,重复步骤(6)、(7),平行进行 5 ~ 6 次试验。

(9)按式(3-42)计算每次量测的水温 T 时的渗透系数 k_{ti}:

$$k = \frac{\Delta Q L}{\Delta t A h} \tag{3-42}$$

(10)计算渗透系数均值:

$$k_t = \frac{1}{N} \sum k_{ti} \tag{3-43}$$

(11)按下式折算到 20 ℃时的渗透系数 k_{20}:

$$k_{20} = k_t \frac{\eta_t}{\eta_{20}} \tag{3-44}$$

式中:η_t、η_{20} 分别为水温为 T、20 ℃时水的动力黏滞系数。

3.11.4.2　变水头试验

(1)试样制备。变水头渗透试验的试样分原状试样和扰动试样两种,其制备方法分别为:①原状试样:根据要测定的渗透系数的方向,用环刀在垂直或平行土层面方向切取原状试样,试样两端削平即可,禁止用修土刀反复涂抹。放入饱和器内抽气饱和(或其他方法饱和);②扰动试样:当干密度较大($\rho_d \geq 1.40$ g/cm³)时,用饱和度较低($S_t \leqslant 80\%$)土压实或击实办法制样;当干密度较低时,使试样泡于水中饱和后,制成需要干密度的饱和试样。

(2)将盛有试样的环刀套入护筒,装好各部位止水圈。注意试样上下透水石和滤纸,按先后顺序装好,盖上顶盖,拧紧顶部螺丝,不得漏水漏气。

(3)把装好试样的渗透仪进水口与水头装置(测压管)相连。注意及时向测压管中补充水源,补水时,关闭进水口。

(4)在向试样渗透前,先由底部排气嘴出水,排除底部空气至气嘴无气泡时,关闭排气嘴,水自下向上渗流,由顶部出水管排水。

(5)待出水管有水流出后,开始测定试验数据。记录时间 $t = t_1$ 时,上下游水位差 h_1;时间 $t = t_2$ 时,上下游水位差 h_2。改变测压管中水位(由进水管补充水),进行 5 ~ 6 次平行试验。记录测压管内径 a,量测渗透水温 T。

(6)由测压管内径 a、试样截面面积 A、试样高度 L、每次试验记录的 (t_{1i}, h_{1i})、(t_{2i}, h_{2i}) 代入式(3-45):

$$k = 2.3 \times \frac{aL}{A(t_2 - t_1)} \lg \frac{h_1}{h_2} \tag{3-45}$$

计算出水温 T 时渗透系数 k_{ti}。由 k_{ti} 代入式(3-43),计算平均渗透系数 k_t。将 k_t 代入式(3-44),计算出 20 ℃时的渗透系数 k_{20}。

3.11.5　数据处理与分析

渗透试验记录如表3-18、表3-19所示。

表3-18　渗透试验(常水头法)数据记录表格

试样高度:40 cm　　　　干土质量:＿＿＿＿＿＿　　　测压管间距:10 cm

试样面积:70 cm^2　　　土粒比重:＿＿＿＿＿＿　　　试样孔隙比:＿＿＿＿＿＿

试验次数	经过时间(s)	测压管水位(cm)			水位差(cm)			水力梯度 i	渗水量(cm^3)	渗透系数(cm/s)	水温(℃)	k_{20}(cm/s)	平均渗透系数(cm/s)
		Ⅰ	Ⅱ	Ⅲ	h_{12}	h_{23}	h						
1													
2													
3													
4													
5													

表3-19　渗透试验(变水头法)数据记录表格

测压管内截面面积 $a=$ 　　m^2　　　试样高度 $L=$ 　cm　　　试样截面面积 $A=$ 　cm^2

试验次数	经过时间(s)	测压管水位(cm)		渗透系数(cm/s)	水温(℃)	水温20℃渗透系数(cm/s)	平均渗透系数(cm/s)
		h_1	h_2				
1							
2							
3							
4							

3.11.6　注意事项

(1)变水头试验中,每次测得的水头 h_1 和 h_2 的差值应大于 10 cm。

(2)变水头试验过程中,若发现水流过快或出水口有混浊现象,应立即检查有无漏水或试样中是否出现集中渗流,若有,应重新制样试验。

(3)渗透试验一定要用无气水做试验,否则试验过程中水中的气泡会在试样内集中,使测得的渗透系数随渗透时间的延长不断减小,产生不允许的试验误差。

(4)试验过程中,由于渗透力的作用,土的干密度发生变化,从而使渗透系数发生变化,因此渗透试验的时间不能太长,水头差不能太大。

(5)规范规定采用水温20 ℃或10 ℃时的渗透系数作为标准渗透系数。

3.12　湿陷性试验

遗址土的湿陷性是指遗址土在自重压力作用下或自重压力和附加压力综合作用下,受水浸湿后土的结构迅速破坏而发生显著附加下陷的特征。湿陷性遗址土是指仅仅由于浸水甚至增湿就会发生附加压缩变形的遗址土类,如湿陷性黄土,它虽然在天然低湿度下具有高强度和低压缩性,但它一旦浸水,甚至在增湿时会发生强度的大幅度骤降(湿剪性)和变形的大幅度突增(湿陷性)。表示湿陷性的指标常为湿陷变形系数 δ_s。必要时,也需测定出遗址土的渗透溶滤变形系数 δ_{wt} 和自重湿陷系数 δ_{zs}。这些参数均可在饱和、静水、单向压缩状态下进行测定。

3.12.1　试验目的

湿陷性试验是遗址土在一定的压力、浸水作用下产生压缩、湿陷变形的过程,主要是根据工程要求,分别测定土类遗址的湿陷系数、自重湿陷系数和湿陷起始压力。

3.12.2　试验原理

遗址土是否具有湿陷性,以及湿陷性的强弱程度如何,应用某一给定的压力作用下土体浸水后的湿陷系数 δ_s 值来衡量。湿陷系数由室内固结试验测定。在固结仪中将试样逐级加压到实际受到的压力 P,待压缩稳定后测得试样高度 h_P,然后加水浸湿,测得下沉稳定后的高度 h'_P。设土样的原始高度为 h_0,则按式(3-46)计算遗址土的湿陷系数 δ_s。

$$\delta_s = (h_P - h'_P)/h_0 \tag{3-46}$$

《湿陷性黄土地区建筑规范》(GB 50025—2004)中规定,当 $\delta_s < 0.015$ 时,应定为非湿陷性黄土;当 $\delta_s \geqslant 0.015$ 时,应定为湿陷性黄土。

3.12.3　仪器设备与材料

(1)固结仪:见图 3-21,试样面积 30 cm² 和 50 cm²,高 2 cm。

(2)环刀:直径为 61.8 mm 和 79.8 mm,高度为 20 mm。环刀应具有一定的刚度,内壁应保持较高的光洁度,宜涂薄层硅脂或聚四氟乙烯。

(3)透水石:由氧化铝或不受土腐蚀的金属材料组成,其透水系数应大于试样的渗透系数。用固定式容器时,顶部透水石直径小于环刀内径 0.2～0.5 mm;当用浮环式容器时,上下部透水石直径相等。

(4)变形量测设备:量程 10 m,最小分度为 0.01 mm 的百分表或零级位移传感器。

(5)其他:天平、秒表、烘箱、钢丝锯、削土刀、铝盒等。

3.12.4　试验步骤

3.12.4.1　试验准备

按土样上下层次小心开启原状土包装皮,将土样取出放正,整平两端。在环刀内壁涂薄层凡士林,刀口向下,放在土样上。无特殊要求时,切土方向应与原始土层层面垂直。

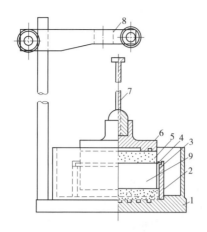

1—水槽;2—护环;3—环刀;4—导环;
5—透水板;6—加压上盖;7—量表导杆;8—量表架;9—试样

图 3-21　固结仪示意图

　　将试验用的切土环刀内壁涂薄层凡士林,刀口向下,放在试件上,用切土刀将试件切成略大于环刀直径的土柱。然后将环刀垂直向下压,边压边削,至土样伸出环刀上部,削平环刀两端,擦净环刀外壁,称环刀和土合质量,准确至 0.1 g,并测定环刀两端所切下土样的含水率。试件与环刀要密合,否则应重取。

　　切削过程中,应细心观察并记录试件的层次、气味、色,有无杂质,土质是否均匀,有无裂缝等。

　　若连续切取数个试件,应使含水率不发生变化。

　　视试件本身及工程要求,决定是否对试件进行饱和。当不立即进行试验或饱和时,则将试件暂存于保湿器内。

　　切取试件后,剩余的原状土样用蜡纸包好置于保湿器内,以备补做试验之用。切削的余土做物理性试验。平行试验或同一组试件密度差值不大于 0.1 g/cm^2,含水率差值不大于2%。

3.12.4.2　试验方法

　1. 单线法

　　(1)切取 5 个环刀试样,分别将切好的原状土样的环刀外壁涂一薄层凡士林,然后将刀口向下放入护环内。

　　(2)将底盘放入容器内,底盘上放透水石和滤纸,借助提环螺丝将护环放入容器中,土样上面覆以纸和透水石,然后放下加压导环和传压活塞,使各部密切接触,保持平衡。

　　(3)将加压容器置于加压框架正中,密合传压活塞及横梁,预加 1.0 kPa 的压力,使固结仪各部密切接触,装好百分表,并调整读数至零。

　　(4)将土的饱和自重压力大致均分规定为 5 级压力,分别施加在 5 个试样上。当施加的压力小于或等于 50 kPa 时,可一次施加;当施加的压力大于 50 kPa 时,应分级施加,每级压力不大于 50 kPa,每级压力时间不少于 15 min,如此连续加至规定压力。加压后每隔 1 h 测记一次变形读数,直到每小时试样变形量不超过 0.01 mm。

(5)向容器内注入纯水,水面应高出试样顶面,每隔 1 h 测记一次变形读数,分别测记 5 个试样浸水变形稳定读数后的百分表读数,直至试样浸水变形稳定。稳定标准为每 3 d 变形不大于 0.01 mm。

(6)拆除仪器,取下试样,测定其含水率和干密度。

2. 双线法

(1)切取 2 个环刀试样,分别将切好的原状土样的环刀外壁涂一薄层凡士林,然后将刀口向下放入护环内。

(2)将底盘放入容器内,底盘上放透水石和滤纸,借助提环螺丝将护环放入容器中,土样上面覆以滤纸和透水石,然后放下加压导环和传压活塞,使各部密切接触,保持平衡。

(3)将加压容器置于加压框架正中,密合传压活塞及横梁,预加 1.0 kPa 的压力,使固结仪各部密切接触,装好百分表,并调整读数至零。

(4)在一个试样上施加土的饱和自重压力,当饱和自重压力小于或等于 50 kPa 时,可一次施加;当饱和自重压力大于 50 kPa 时,应分级施加,每级压力不大于 50 kPa,每级压力时间不少于 15 min,如此连续加压至饱和自重压力。加压后每隔 1 h 测记一次变形读数,直到每小时试样变形量不超过 0.01 mm。再自试样顶面加水,每隔 1 h 测记一次变形读数。测记浸水沉降稳定百分表读数。稳定标准为每 3 d 变形不大于 0.01 mm。

(5)在另一个试样上施加第 1 个 50 kPa 压力,每隔 1 h 测记一次变形读数,至试样每小时试样变形量不超过 0.01 mm。再向容器内注入纯水,水面应高出试样顶面,当饱和自重压力小于或等于 50 kPa 时,可一次施加;当饱和自重压力大于 50 kPa 时,应分级施加,每级压力不大于 50 kPa,每级压力时间不少于 15 min,如此连续加至饱和自重压力。加压后每隔 1 h 测记一次变形读数,直到试样浸水变形稳定。稳定标准为每 3 d 变形不大于 0.01 mm。

(6)试验完毕,放掉容器的积水,拆除仪器,取下试样,测定其含水率和干密度。

3.12.5　数据处理与分析

(1)自重湿陷系数按式(3-47)计算:

$$\delta_{zs} = \frac{h_z - h'_z}{h_0} \tag{3-47}$$

式中:δ_{zs} 为自重湿陷系数,计算至 0.001;h_z 为在饱和自重压力下,试样变形稳定后的高度,mm;h'_z 为在饱和自重压力下,试样浸水湿陷变形稳定后的高度,mm;h_0 为试样初始高度,mm。

(2)本试验记录表如表 3-20 所示。

3.12.6　注意事项

土的饱和自重压力应分层计算,以工程地质勘察分层为依据,当工程未提供分层资料时,才允许根据取样密集成度和试样密度粗略地划分层次。

当饱和自重压力大于 50 kPa 时,应分级施加,每级压力不大于 50 kPa。每级压力时间视变形情况而定,一般规定不小于 15 min。

表 3-20　湿陷试验记录

工程编号：							试验者：		
试样编号：							计算者：		
试验日期：							校核者：		
试样编号：							环刀号：		
仪器号：							试样初始高度（mm）：		

层数	饱和自重压力计算							试验测试		
	密度（g/cm³）	含水率（%）	比重	孔隙度（%）	饱和密度（g/cm³）	层厚（m）	土层自重压力（kPa）	经过时间（min）	百分表读数	
									自重压力（kPa）	浸水（min）
	(1)	(2)	(3)	$(4)=1-\dfrac{(1)}{(3)\times[1+(2)]}$	$(5)=\dfrac{(1)}{1+(2)}+0.85\times(4)$	(6)	$(7)=9.81\times(6)\times(5)$			
								稳定读数		
自重压力（kPa）∑7								自重湿陷系数		

3.13　一维固结压缩试验

遗址土的一维固结压缩试验是土体在荷载作用下产生变形的过程。土在外力作用下体积缩小的特性称为土的压缩性。土在外荷载作用下，水和空气逐渐被挤出，土的骨架粒之间相互挤紧，封闭气泡的体积也将缩小，因而引起土层的压缩变形。

饱和土体受到外力作用后，孔隙中部分水逐渐从土体中排出，土中孔隙水压力逐渐减小，作用在土骨架上的有效应力逐渐增加，土体积随之压缩，直到变形达到稳定。土体这一压缩变形的全过程，称为固结。固结过程的快慢取决于土中水排出的速率，它是时间的函数。而非饱和土体在外力作用下的变形，通常是由孔隙中气体排出或压缩引起的，主要取决于有效应力的改变。

3.13.1　试验目的

一维固结压缩试验是将原状土样或人工制备的扰动土制备成一定规格的试件，然后置于固结仪内，在不同荷载、有侧限和轴向排水条件下测定其压缩变形。

在侧限与轴向排水条件下，根据土的压缩变形与荷载压力（或孔隙比和压力）关系绘制压缩曲线（固结曲线），计算土的压缩系数 a_v、压缩模量 E_s、垂直向固结系数 C_v、水平向固结系数 C_H、压缩指数 C_c、回弹指数 C_s 及先期固结压力 P_c。通过各项压缩性指标，分析、判断土的压缩特性和天然土层的固结状态，估算渗透系数，计算土工建筑物及地基的沉降位移。

3.13.2 试验原理

在外部荷载和自重作用下,土遗址的压缩可以认为是由土中孔隙体积的缩小所致(此时孔隙中的水或气体将被部分排出),至于土粒与水两者本身的压缩性极小,可不考虑。在饱和土中,水具有流动性,在外力作用下沿着土中孔隙排出,从而引起孔隙体积减小而发生压缩变形。

一维固结压缩试验是将土样放在金属容器内,在有侧限的条件下施加压力,观察不同压力下土的压缩变形量。试验时由于金属环刀及刚性护环所限,土样只能在竖向产生压缩,而不可能产生侧向变形,故称为侧限压缩。

土样在外力作用下产生竖向压缩,其压缩量的大小与土样上所加的荷重大小及土样的性质有关。例如,在相同的荷载作用下,软土的压缩量较大,而坚密的土则压缩量小;在同一种土样条件下,压缩量随着荷重的加大而增加。因此,我们可以在同一种土样上施加不同的荷重,但荷重分级不宜过大,最后一级荷重应大于土层计算压力 100 ~ 200 kPa。这样可得到不同的压缩量,从而可以算出相应荷重时土样的孔隙比。

3.13.3 仪器设备与材料

(1)杠杆式固结仪。

(2)固结容器:由环刀(内径 61.8 mm 或 79.8 mm,高 20 mm,面积 30 cm^2 或 50 cm^2)、护环、透水板、水槽、加压盖组成,如图 3-22 所示。

(3)加压设备。应能垂直地在瞬间施加各级规定的压力,且没有冲击力。

(4)变形量测设备:量程 10 mm,最小分度值为 0.01 mm 的百分表。

(5)其他:圆玻璃片、天平、秒表、修土刀、铝盒、滤纸、凡士林、烘箱等。

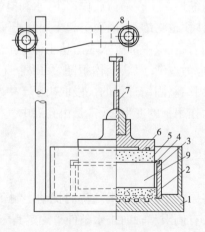

1—水槽;2—护环;3—环刀;4—导环;5—透水板;
6—加压上盖;7—量表导杆;8—量表架;9—试样

图 3-22 固结容器示意图

3.13.4　试验步骤

(1)按工程需要选择面积为 30 cm² 或 50 cm² 的切土环刀,环刀内侧涂上一层薄的凡士林,刀口应向下放在原状土或人工制备的土样上,切取原状土样时,应与原始土层受荷方向一致。

(2)小心地边压边削,注意避免环刀偏心入土,使整个土样进入环刀并在凸出环刀时停止,然后用钢丝锯(软土)或用修土刀(较硬的土或硬土)将环刀两端余土修平,擦净环刀外壁。

(3)测定土样密度并在余土中取代表性土样测定其含水率,然后用圆玻璃片将环刀两端盖上,防止水分蒸发。

(4)在固结容器内放置护环、透水板和薄型滤纸。将带有土样的环刀装入固结容器的护环内,放上导环,试样上顺次放上薄型滤纸、透水石、传压活塞和定向钢环球;将固结容器准确地放在加荷横梁中心,再按照要求安装好加荷设备;施加 1 kPa 的预压力,使仪器上下各部件之间接触;调整好百分表,并将初读数调整为零。

(5)确定需要施加的各级压力,加荷等级宜为 12.5 kPa、25 kPa、50 kPa、100 kPa、200 kPa、400 kPa、800 kPa、1 600 kPa、3 200 kPa;第一级压力的大小应视土的软硬程度而定,宜用 12.5 kPa、25 kPa 或 50 kPa;最后级压力应大于土的自重应力与附加压力之和;只需测定压缩系数时,最大压力不小于 100 kPa,需要确定原状土的先期固结压力时,初始段的荷重率应小于 1,可采用 0.5 或 0.25。

(6)对于饱和试样施加第一级压力后,应立即向水槽中注水浸没试样,非饱和试样进行压缩试验时,须用混棉纱围住加压板周围。

(7)施加各级压力,待试样在某级压力作用下达到稳定后再施加下一级压力。

需要测定沉降速率时,加压后按下列时间间顺序测记量表读数:0.10 min、0.25 min、1.00 min、2.25 min、4.00 min、6.25 min、9.00 min、12.25 min、16.00 min、20.25 min、25.00 min、30.25 min、36.00 min、42.25 min、49.00 min、64.00 min、100.00 min、200.00 min、400.00 min 及 23 h、24 h,至稳定。当不需要测定沉降速率时,稳定标准规定为每级压力下固结 1 h。稳定读数后再施加第 2 级压力。依次逐级加压至试验结束。只需测定压缩系数的试样,施加每级压力后,每小时变形达 0.01 mm 时,测定试样高度变化作为稳定标准,按此步骤逐级加压至试验结束。

注:沉降速率测定在遗址土饱和的情况下适用。

(8)需要做回弹试验时,可在某级压力(大于上覆压力)下固结稳定后卸压直至卸至第 1 级压力,每次卸压后的回弹稳定标准与加压相同,并测记每级压力及最后一级压力时的回弹模量。

(9)试验结束后,吸去容器中的水,迅速拆除仪器各部件,小心取出带环刀的试样,测定试验后的含水率并将仪器清洗干净。

3.13.5　数据处理与分析

3.13.5.1　计算

（1）计算各级压力下的试样变形量，填入表3-21。

表3-21　各级压力下的试样变形量

时刻	施加压力（kPa）								
	12.5	25	50	100	200	400	800	1 600	3 200
	量表读数								
0.10 min									
0.25 min									
1.00 min									
2.25 min									
4.00 min									
6.25 min									
9.00 min									
12.25 min									
16.00 min									
20.25 min									
25.00 min									
30.25 min									
36.00 min									
42.25 min									
49.00 min									
64.00 min									
100.00 min									
200.00 min									
23 h									
24 h									
试样总变形量（mm）									

（2）计算试样的初始孔隙比：

$$e_0 = \frac{(1 + 0.01w_0)G_s\rho_w}{\rho_0} - 1 \qquad (3\text{-}48)$$

式中: G_s 为土粒比重; ρ_w 为水的密度, g/cm³, 一般取 $\rho_w = 1$ g/cm³; ρ_0 为试样的初始密度, g/cm³; w_0 为试样的初始含水率(%)。

(3)计算各级压力下固结稳定后的孔隙比:

$$e_i = e_0 - \frac{1 + e_0}{h_0} \Delta h_i \tag{3-49}$$

式中: e_i 为某级压力下的孔隙比; Δh_i 为某级压力下试样的高度变化; h_0 为试样的初始高度, cm。

(4)分别计算某一压力范围内的压缩系数 a_v、压缩模量 E_s、体积压缩系数 m_v、压缩指数 C_c:

$$a_v = \frac{e_i - e_{i+1}}{P_{i+1} - P_i} \tag{3-50}$$

$$E_s = \frac{1 + e_0}{a_v} \tag{3-51}$$

$$m_v = \frac{1}{E_s} = \frac{a_v}{1 + e_0} \tag{3-52}$$

$$C_c = \frac{e_i - e_{i+1}}{\lg P_{i+1} - \lg P_i} \tag{3-53}$$

式中: P_i 为某一压力值, kPa。

3.13.5.2　绘制关系曲线

以孔隙比为纵坐标, 压力为横坐标, 绘制孔隙比与压力的关系曲线, 如图 3-23 所示。或以孔隙比为纵坐标, 压力的对数为横坐标, 绘制孔隙比与压力的对数关系曲线, 如图 3-24 所示。

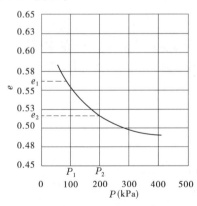

图 3-23　e—P 关系曲线

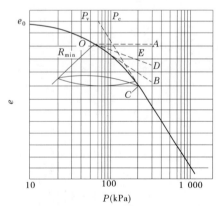

图 3-24　e—$\lg P$ 曲线求 P_c 示意图

3.13.5.3　确定原状土的先期固结压力

原状土的先期压力的确定方法如图 3-25 所示, 在 e—$\lg P$ 曲线上。找出最小曲率半径 R_{min} 点 O, 过 O 点做水平线 OA、切线 OB 及 $\angle AOB$ 的平分线 OD, OD 与曲线的直线段 C 的延长线交于点 E, 则对应于 E 点的压力值即为该原状土的先期固结压力。

按下述方法确定固结系数:

(1)时间平方根法:对某一级压力, 以试样的变形为纵坐标, 时间平方根为横坐标, 绘制变形与时间平方根关系曲线(见图3-25),延长曲线开始段直线,交纵坐标于d_s为理论零点,过d_s做另一直线,令其横坐标为前一直线横坐标的1.15倍,后一直线与$d—\sqrt{t}$曲线交点所对应的时间的平方即为试样固结度达90%所需的时间t_{90},该级压力下的固结系数应按式(3-54)进行计算:

$$C_v = \frac{0.84\bar{h}^2}{t_{90}} \tag{3-54}$$

式中:C_v为固结系数,cm/s;h为最大排水距离,等于某级压力下试样的初始高度和终了高度的平均值之半,cm。

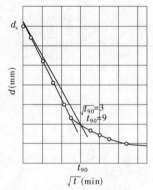

图3-25　时间平方根法求t_{90}

(2)时间对数法:对某级压力,以试样的变形为纵坐标,时间的对数为横坐标,绘制变形与时间对数关系曲线(见图3-26),在关系曲线的开始段,选任一时间t_1,查得相对应的变形值d_1,再取时间$t_2 = t_1/4$,查得相对应的变形值d_2,则$2d_2 - d_1$即为d_{01};另取一时间依同法求得d_{02}、d_{03}、d_{04}等,取其平均值为理论零点d_s。延长曲线中部的直线段和通过曲线尾部数点切线的交点即为理论终点d_{100},则$d_{50} = (d_s + d_{100})/2$,对应于$d_{50}$的时间即为试样固结度达50%所需的时间$t_{50}$。某一级压力下的固结系数应按式(3-55)计算:

$$C_v = \frac{0.197\bar{h}^2}{t_{50}} \tag{3-55}$$

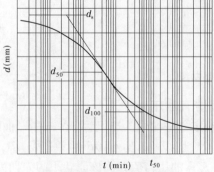

图3-26　时间对数法求t_{50}

3.13.6　注意事项

（1）使用仪器前必须预习,严格按程序进行操作。

（2）试验过程中不能卸载,百分表也不用归零。随时调整加压杠杆,使其保持平衡。

（3）切削试样时,应十分耐心操作,尽量避免破坏土的结构,边削边压环刀,不允许直接将环刀压入土中。在削去环刀两端余土时不允许用刀来回涂抹土面,避免孔隙被堵塞。

（4）首先装好试样,再安装百分表。在装表的过程中,小指针需调至整数位,大指针调至零,表杆头要有一定的伸缩范围,固定在表架上。表的转动是倒转,读数是表内圈小字的数。若外圈是 70,读数是内圈 30。

（5）加荷时要注意正确放置砝码。应按顺序加砝码,不要振碰试验台及周围地面,加荷或卸荷时均应轻放或轻取砝码,不得对仪器产生震动,以免指针产生移动;加荷时垂直地在瞬间完成,且没有冲击力,尤其土样数量较多时,应自始至终掌握好各级加荷节奏时间,避免产生冲击力,并防止加荷后出现钟摆现象,避免破坏土质的原始结构,影响土的压缩性和渗透性等。

（6）试验完毕,卸下荷载,取出土样,把仪器打扫干净。

3.14　直接剪切试验

遗址土的抗剪强度是指土体抵抗剪切破坏的极限能力。当外部荷载超过土的抗剪强度时,土体变形增大直至发生剪切破坏。剪切破坏是土体强度破坏的重要特征,土的强度问题实质上就是土的抗剪强度问题。

测定土的抗剪强度指标常采用剪切试验。土的剪切试验既可在室内进行,也可在现场进行原位测试。室内试验的特点是边界条件比较明确且容易控制,但在现场取样时,不可避免地引起应力释放和土的结构扰动。比较常见的土的抗剪强度指标的测定方法有直接剪切试验、三轴剪切试验、无侧限抗压强度试验和十字剪切板试验,本章主要介绍直剪试验相关原理及试验方法,三轴剪切试验及无侧限抗压强度试验将分别在第 3.15 节和第 3.16 节中介绍。

3.14.1　试验目的

内摩擦角 φ 和黏聚力 c 是土压力计算、地基承载力评价、土坡稳定性分析时的必要参数。本试验的目的是测定遗址土的抗剪强度指标内摩擦角 φ 和黏聚力 c;掌握遗址土的直接剪切试验基本原理和试验方法,掌握应变控制式直剪仪的性能、使用方法,熟悉试验的操作步骤,掌握直接剪切试验数据的处理方法。

3.14.2　试验原理

直接剪切试验是测定土体抗剪强度指标的室内试验方法之一,它可以直接测试得到土样在预定剪切面上的抗剪强度。通常是从土遗址本体或地基中某个位置上取出土样,制成几个试样,用不同的垂直压力作用于试样上,然后施加剪切力,测得剪应力与位移的关系曲线,从曲线上找出试样的极限剪应力作为该垂直压力下的抗剪强度。通过几个试样的抗剪强度确定强度包络线,求出抗剪强度参数 c、φ。

直接剪切试验一般可分为慢剪、固结快剪和快剪 3 种试验方法。

3.14.2.1 慢剪试验

先使土样在某一级垂直压力作用下固结至排水变形稳定(变形稳定标准为每小时变形不大于 0.005 mm),再以小于 0.02 mm/min 的剪切速率缓慢施加水平剪应力,在施加剪应力的过程中,使土样内始终不产生孔隙水压力,用几个土样在不同垂直压力下进行剪切,将得到有效应力抗剪强度参数 c 值和 φ 值,但历时较长,剪切破坏时间可按式(3-56)估算:

$$t_f = 50t_{50} \tag{3-56}$$

式中:t_f 为达到破坏所经历的时间;t_{50} 为固结程度达到 50% 的时间。

3.14.2.2 固结快剪试验

先使土样在某一级垂直压力作用下固结至排水变形稳定,再以 0.8 mm/min 的剪切速率施加剪力,直至剪坏,一般在 3 ~ 5 min 内完成,适用于渗透系数小于 6 ~ 10 cm/s 的细粒土。由于时间短促,剪力所产生的超静水压力不会转化为粒间的有效应力,用几个土样在不同垂直压力下进行慢剪,便能求得抗剪强度参数 φ_{cq} 值和 c_{cq} 值,φ_{cq}、c_{cq} 称为总应力抗剪强度参数。

3.14.2.3 快剪试验

采用原状土样尽量接近现场情况,以 0.8 mm/min 的剪切速率施加剪力,直至剪坏,一般在 3 ~ 5 min 内完成,适用于渗透系数小于 6 ~ 10 cm/s 的细粒土。这种方法将使粒间有效应力维持原状,不受试验外力的影响,但由于这种粒间有效应力的数值无法求得,所以试验结果只能求得($\sigma\tan\varphi_q + c_q$)的混合值。快剪试验适用于测定黏性土天然强度,但 φ_q 角将会偏大。

直剪试验适用于测定细粒土的抗剪强度指标 c 和 φ 及土颗粒的粒径小于 2 mm 的砂土的抗剪强度指标 φ。渗透系数 k 大于 10^{-6} cm/s 的土不宜做快剪试验。

3.14.3 仪器设备与材料

(1)直剪仪。采用应变控制式直剪仪,如图 3-27 所示。由剪切盒、垂直加压设备、剪切传动装置、测力计以及位移量测系统等组成。加压设备可采用杠杆传动,也可采用气压施加。

(2)测力计。采用应变圈,量表为百分表或位移传感器。

(3)环刀。内径 6.18 cm,高 2.0 cm。

(4)其他。切土刀、钢丝锯、滤纸、毛玻璃板、圆玻璃片以及润滑油等。

3.14.4 试验步骤

(1)试样制备:从原状土样中切取原状土试样或制备给定干密度和含水量的扰动土试样。将试样表面削平,用环刀切取 3 ~ 4 个试样备用。称环刀加湿土重,测出密度及含水量,4 个试样的密度误差不得超过 0.03 g/cm³。对于扰动土样需要饱和时,需按规范对

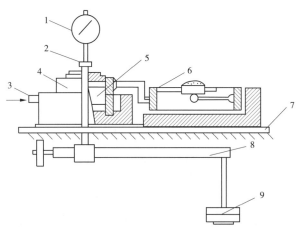

1—垂直变形百分表;2—垂直加压设备;3—推动座;4—剪切盒;

5—试样;6—测力计;7—台板;8—杠杆;9—砝码

图 3-27 应变控制式直剪仪结构示意图

土样进行抽真空饱和。

(2)对准剪切盒的上下盒,插入固定销钉,在下盒内放洁净透水石一块及湿润滤纸一张。

(3)将盛有试样的环刀平口向下、刀口向上,对准剪切盒的上盒,在试样面放湿润滤纸一张及透水石一块,然后将试样通过透水石徐徐压入剪切盒底,移去环刀,并顺次加上传压活塞及加压框架。

(4)取不少于 4 个试样,并分别施加不同的垂直压力,其压力大小根据土的天然固结应力及软硬程度而定,一般可按 25 kPa、50 kPa、100 kPa、200 kPa、300 kPa、400 kPa、600 kPa 施加,加荷时应轻轻加上,但必须注意为防止试样被挤出,应分级施加。

(5)若试样是饱和试样,则在施加垂直压力 5 min 后,向剪切盒内注满水;若试样是非饱和土试样,则不必注水,但应在加压板周围包以湿棉纱,以防止水分蒸发。

(6)当在试样上施加垂直压力后,若每小时垂直变形不大于 0.005 mm,则认为试样已达到固结稳定。

(7)试样达到固结稳定后,安装测力计,徐徐转动手轮,使上盒前端的钢珠恰与测力计接触,测记测力计读数。

(8)松开外面 4 只螺杆,拔去里面固定的销钉,然后启动电动机,使应变圈受压,观察测力计的读数,它将随下盒位移的增大而增大,当测力计读数不再增加或开始倒退时,即出现峰值,认为试样已破坏,记下破坏值,并继续剪切至位移为 4 mm 时停机;当剪切过程中测力计读数无峰值时,应剪切至剪切位移为 6 mm 时停机。

(9)剪切结束后,卸去剪切力和垂直压力,取出试样,并测定试样的含水率。

3.14.5 数据处理与分析

(1)试验记录。

试验数据可按表 3-22 的格式进行记录。

表 3-22　直剪试验记录

试样编号	单位	1	2	3	4
环刀编号					
环刀质量	g				
环刀 + 试样质量	g				
试样质量	g				
盒号					
盒质量	g				
盒 + 湿土质量	g				
盒 + 干土质量	g				
含水率	%				
仪器编号					
量力环系数	kPa/0.01 mm				
垂直压力	kPa				
固结沉降量	mm				
试样编号	垂直压力 （kPa）	剪切位移 （0.01mm）	量力环读数 （0.01mm）	剪应力 （kPa）	垂直位移 （0.01mm）
1					
2					
3					
4					
内摩擦角：			黏聚力(kPa)：		

　　（2）以剪应力为纵坐标，剪切位移为横坐标，绘制剪应力与剪切位移关系曲线（如图 3-28 所示）。取曲线上剪应力的峰值为抗剪强度；无峰值时，取剪切位移 4 mm 对应的剪应力为抗剪强度。

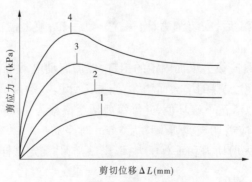

图 3-28　剪应力与剪切位移关系曲线

　　（3）抗剪强度的计算：

$$\tau_f = C_0(R - R_0) \tag{3-57}$$

式中:τ_f 为抗剪强度,kPa;R 为量力环中百分表最大读数,或位移量 4 mm 时的读数,0.01 mm;R_0 为量力环中百分表初始读数或为零,0.01 mm;C_0 为量力环率定系数(其值标明在各仪器的量力环上),kPa/0.01 mm,由实验室提供。

(4)剪切位移量的计算:

$$\Delta L = 0.2n - R \tag{3-58}$$

式中:ΔL 为剪切位移,mm;n 为手轮转数。

(5)以抗剪强度为纵坐标,垂直压力为横坐标,绘制抗剪强度与垂直压力关系曲线(见图 3-29),则直线的倾角为内摩擦角,直线在纵坐标上的截距为黏聚力。

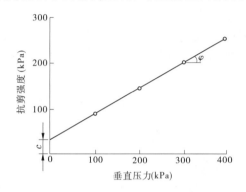

图 3-29 抗剪强度与垂直压力的关系曲线

3.14.6 注意事项

(1)快剪法和固结快剪法适用于渗透系数小于 10^{-6} cm/s 的黏性遗址土。

(2)快剪法和固结快剪法取峰值为破坏点时,软土按 70% 的峰值为土的强度,但需要加以注明。

(3)快剪法最大的垂直压力应控制在土体自重压力左右。结构扰动的土样不宜进行。

(4)快剪法安装时应以硬塑料薄膜代替滤纸,不需安装垂直位移量测装置。

3.15 三轴剪切试验

三轴剪切试验是采用三轴压缩仪测定遗址土抗剪强度的试验方法。遗址土的抗剪强度是决定建筑物和构筑物地基稳定性的重要因素,因而正确测定遗址土的抗剪强度指标对土遗址保护与加固工程具有重要的意义。测定遗址土的抗剪强度指标时,应结合土遗址的工程规模、用途与土质类别情况,选择合适的仪器与方法进行试验。

3.15.1 试验目的

三轴剪切试验是测定土遗址抗剪强度的一种较为完善的方法,是试样在三向应力状态下测定土的抗剪强度参数的一种剪切试验方法。通过对 3～4 个圆柱体试样分别施加不同的恒定周围压力及施加轴向压力进行剪切,直至破坏,然后根据极限应力圆包线,求得土的抗剪强度参数。

3.15.2　试验原理

三轴压缩试验也称三轴剪切试验,是测定遗址土抗剪强度的一种方法。通常采用 3～4 个圆柱体试样,分别在不同的恒定周围压力(小主应力 σ_3)下,施加轴向压力(产生主应力差 $\sigma_1 - \sigma_3$),进行剪切直至试样破坏,然后根据莫尔 – 库仑破坏准则确定土的抗剪强度参数。三轴压缩试验周围压力宜根据工程实际荷重确定。对于填土,最大级周围压力应与最大的实际荷重大致相等。

在压力室内向试件加荷,可分两个阶段进行。首先,施加周围压力,该过程称为固结过程,如图 3-30(a)所示。然后,维持周围压力不变,缓慢施加轴向压力,使试件压缩,直至破坏,该过程称为轴向压缩过程,如图 3-30(b)所示。

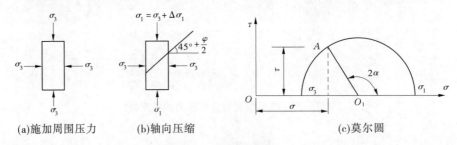

(a)施加周围压力　　(b)轴向压缩　　　　　(c)莫尔圆

图 3-30　三轴试验原理

根据土样固结排水条件的不同,相应于直剪试验,三轴试验可分为如下三种方法:

(1)不固结不排水剪试验(UU)。

试样在施加周围应力后,随即施加偏应力,直至破坏。整个试验过程中不允许排水。从开始加压直至试样剪坏,土中的含水量始终保持不变,孔隙水压力也不可能消散,可以测得总应力抗剪强度指标 U_c、φ_u。

(2)固结不排水剪试验(CU)。

试样在施加周围压力时,允许试样充分排水,待固结稳定后,在不排水的条件下施加轴向压力,直至试样剪切破坏,同时在受剪过程中测得土体的孔隙水压力,可以测得总应力抗剪强度指标 c_{cu}、φ_{cu} 和有效应力抗剪强度指标 c'、φ',以及孔隙压力参数。

(3)固结排水剪试验(CD)。

试样先在周围压力下排水固结,然后允许试样在充分排水的条件下增加轴向压力直至破坏,同时在试验过程中测读排水量以计算试样的体积变化。可以测得有效应力抗剪强度指标 c_d、φ_d 和变形参数。

3.15.3　仪器设备与材料

3.15.3.1　三轴仪

三轴仪根据施加轴向荷载方式的不同,可以分为应变控制式和应力控制式两种。目前,室内三轴试验仪多为应变控制式三轴仪。

应变控制式三轴仪由以下几部分组成(如图 3-31 所示):

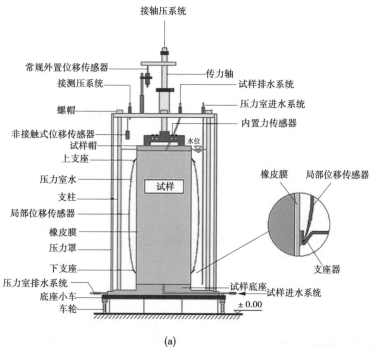

(a)

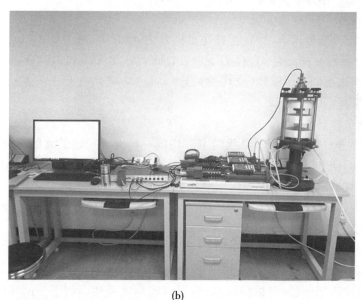

(b)

图 3-31　三轴仪

(1)三轴压力室。压力室是三轴仪的主要组成部分,它是由一个金属上盖、底座以及透明有机玻璃筒组成的密闭容器,压力室底座通常有 3 个小孔分别与围压系统、体积变形以及孔隙水压力量测系统相连。

(2)轴向加荷系统。采用电动机带动多极变速的齿轮箱,或者采用可控硅无极变速,并通过传动系统使压力室自下而上地移动,从而使试样承受轴向压力,其加荷速率可根据土样性质和试验方法确定。

(3)轴向压力测量系统。施加于试样上的轴向压力由测力计测量。测力计由线性和重复性较好的金属弹性体组成,测力计的受压变形由百分表或位移传感器测读。

(4)周围压力稳压系统。采用调压阀控制,调压阀控制到某一固定压力后,它将压力室的压力进行自动补偿而达到稳定的周围压力。

(5)孔隙水压力量测系统。孔隙水压力由孔压传感器测得。

(6)轴向变形量测系统。轴向变形由常规外置位移传感器测得。

(7)反压力体变系统。是由体变管和反压力稳压控制系统组成的用以模拟土体的实际应力状态或提高试件的饱和度以及量测试件的体积变化。

3.15.3.2　附属设备

(1)击实筒和饱和器。

(2)切土盘、切土器、切土架和原状土分样器。

(3)承膜筒和试样制备模筒。

(4)天平、卡尺、乳胶膜等。

3.15.4　试验步骤

3.15.4.1　不固结不排水剪试验

1. 试样制备

试样尺寸应符合要求:试样高度 H 与直径 D 之比(H/D)应为 2.0 ~ 2.5,对于有裂隙、软弱面或构造面的试样,试样直径 D 为 39.1 mm、61.8 mm 和 101.0 mm(宜采用 101 mm),制备 3 个以上圆柱体试样(原状或人工)。人工制备的扰动土或原状土的土样毛坯应大于试样的直径和高度。

2. 原状土试样制备

(1)较软的土样。先用钢丝锯或削土刀切取一稍大于规定尺寸的土柱,将试样小心地放在旋转式的切土器内,用钢丝锯或切土刀紧靠侧板由上往下细心切削,边转边削地切成所要求的圆柱形试样,试样两端应平整并垂直于试样轴。对于直径为 10 cm 的软黏土土样,可先用分样器分成 3 个土柱,然后按上述的方法切削成直径为 39.1 mm 的试样。

(2)较硬的土样。先用削土刀或钢丝锯切取一稍大于规定尺寸的土柱,上、下两端削平,按试样要求的层次方向放在切土架上,用切土器切削,先在切土器刀口内壁涂上薄层油,将切土器的刀口对准土样顶面,边削土边压切土器,直至切削到比要求的试样高度约高 2 cm,然后拆开切土器,将试样取出,按要求的高度将两面削平。试样的两端面应平整,互相平行,侧面垂直,上下均匀。当试样侧面或端部有小石子或凹坑时,允许用削下的余土修整,试样切削时应避免扰动。

(3)砂性土。应先在压力室底座依次放上透水石、橡皮膜和对开圆模。将砂料填入对开圆模内,分三层按预定干密度击实。当制备饱和试样时,在对开圆模内注入纯水至 1/3 高度,将煮沸的砂料分三层填入,达到预定高度。放上不透水板、试样帽,扎紧橡皮膜。对试样内部施加 5 kPa 负压力使试样能站立,拆除对开圆模。

(4)对制备好的试样,应量测其直径和高度。并同时取余土测定其密度和含水量。将切削好的试样称量,直径 101 mm 的试样准确至 1 g;直径 61.8 mm 和 39.1 mm 的试样准确至 0.1 g。试样高度和直径用卡尺量测,试样的平均直径按式(3-59)计算:

$$D = \frac{D_1 + 2D_2 + D_3}{4} \tag{3-59}$$

式中:D 为试样平均直径,mm;D_1、D_2、D_3 分别为试样上、中、下部位的直径,mm。

取切下的余土,测定含水量,取其平均值作为试样的含水率。对于同一组原状试样,密度的平行差值不宜大于 0.03 g/cm^3,含水率平行差值不宜大于 2%。

对于特别坚硬的和很不均匀的土样,当不易切成平整、均匀的圆柱体时,允许切成与规定直径接近的柱体,按所需试样高度将上下两端削平,称取质量,然后包上橡皮膜,用浮称法称试样的质量,并换算出试样的体积和平均直径。

3. 扰动土试样制备(击实法)

(1)根据要求的干密度称取所需土质量。选取一定数量的代表性土样(对直径 39.1 mm 试样约取 2 kg;直径 61.8 mm 和 101 mm 试样分别取 10 kg 和 20 kg),经风干、碾碎、过筛,测定风干含水率,按要求的含水率算出所需加水量。

(2)将需加的水量喷洒到土样上拌匀,稍静置后装入塑料袋,然后置于密闭容器内至少 20 h,使含水率均匀,取出土料复测其含水率。测定的含水率与要求的含水率的差值应小于 ±1%,否则需调整含水率至符合要求。

(3)击样筒的内径应与试样直径相同,击锤的直径宜小于试样直径,也允许采用与试样直径相等的击锤。击样筒壁在使用前应洗擦干净,涂一薄层凡士林。

(4)按试样高度分层击实:粉质土分 3~5 层,黏质土分 5~8 层。各层土料质量相等。每层击实至要求高度后将表面刨毛,然后加第 2 层土料,如此继续进行,直至击完最后一层。将击样筒中的试样两端整平,取出称其质量,一组试样的密度差值应小于 0.02 g/cm^3。

4. 试样安装

(1)打开试样底座的开关,使量管里的水缓缓地流向底座,使压力室底座充水。拆开压力室的有机玻璃罩子。在底座上放置透水石和滤纸,待气泡排除后将切好的试样小心地安放在试样底座上面(在之前应首先将压力室底座的透水石与管路系统及孔隙水测定装置充水饱和),关闭底座开关。

(2)把透明的橡皮膜放入承膜筒,两端的橡皮膜翻出筒外,用吸气球(洗耳球)从吸气孔吸气,使橡皮膜贴紧筒壁,接着套在试样上,让气孔放气,使橡皮膜紧贴试样周围,再翻起橡皮膜两端,取出承膜筒。将橡皮膜分别与试样底座和试样帽用橡皮圈扎紧。

(3)把土样装入压力室。若使用自动数据采集系统,则安装轴向位移传感器。

5. 试样饱和

(1)加压。装上压力室的有机玻璃罩,将活塞对准试样帽中心,均匀地旋紧螺帽(注意免传压活塞杆碰坏试样,应先将活塞杆提起一定高度,然后轻轻接触试样帽中心),再将轴向测力计对准活塞。

（2）排气充水。开排气孔，向压力室充水。当压力室注满水时，降低进水速度，水从排气孔滋出时，关闭排气孔。

（3）在不排水条件下测定试件的孔隙水压力。

（4）旋转手轮，同时转动活塞，当轴向测力计有微读数时表示活塞已与试样帽接触。然后将轴向测力计和轴向位移计的读数调整到零位。

（5）关闭体变管阀及孔隙水压力阀，打开周围压力阀，施加所需的周围压力。周围压力大小应与工程的实际荷载相适应，并尽可能使最大周围压力与土体的最大实际荷载大致相等，也可按 100 kPa、200 kPa、300 kPa、400 kPa 施加。周围压力大小根据土样埋深或应力历史来决定，若土样为正常压密状态，则土样的周围压力应在自重力附近选择，不宜过大，以免扰动土的结构。

（6）开动电动机，合上离合器，进行剪切。剪切应变速率宜为每分钟应变 0.5% ~ 1.0%。开始阶段，试样每产生轴向应变 0.3% ~ 0.4% 时，测记轴向测力计和轴向位移的读数各 1 次。当轴向应变达 3% 以后，读数间隔可延长为 0.7% ~ 0.8% 各测记 1 次，当接近峰值时应加密读数。如果试样为特别硬脆或软弱的土，可酌情加密或减少测读的次数。

（7）当出现峰值后，再继续剪 3% ~ 5% 轴向应变；若测力计读数无明显减少，则剪切至轴向应变达 15% ~ 20%。

（8）试验结束，关闭电动机，关闭周围压力阀，然后脱开离合器倒转手轮，打开排气孔，排去受压室内的水，拆除压力室罩，拆除试样，揩干试样周围的余水，脱去试样外的橡皮膜，描述破坏后形状，称试样质量，测定试验含水率。

（9）对其余几个试样，在不同周围压力下以同样的剪切应变速率进行试验。

3.15.4.2　固结不排水剪试验

1. 试样安装

（1）打开孔隙水压力阀和量管阀，对孔隙水压力系统及压力室底座充水排气后，关闭孔隙水压力阀和量管网。

（2）压力室底座上依次放上透水板、湿滤纸、试样、湿滤纸、透水板，试样周围贴浸水的滤纸条 7~9 条。

（3）将橡皮膜用承膜筒套在试样外，并用橡皮圈将橡皮膜下端与底座扎紧。

（4）打开孔隙水压力阀和量管阀，使水缓慢地从试样底部流入，排出试样与橡皮膜之间的气泡，关闭孔隙水压力阀和量管阀。

（5）打开排水阀，使试样帽中充水，放在透水板上，用橡皮圈将橡皮膜上端与试样帽扎紧，降低排水管，使管内水面位于试样中心以下 20 ~ 40 cm，吸除试样与橡皮膜之间的余水，关闭排水阀。

（6）需要测定土的应力—应变关系时，应在试样与透水板之间放置中间夹有硅脂的两层圆形橡皮膜，膜中间应留有直径为 1 cm 的圆孔排水。

（7）压力室罩安装、充水及测力计调整应按不固结不排水的步骤进行。

2. 试样排水固结

（1）调节排水管使管内水面与试样高度的中心齐平，测记排水管水面读数。

（2）打开孔隙水压力阀，使孔隙水压力等于大气压力，关闭孔隙水压力阀，记下初始读数。

（3）将孔隙水压力调至接近周围压力值，施加周围压力后，再打开孔隙水压力阀，待孔隙水压力稳定测定孔隙水压力。

（4）打开排水阀。固结完成后，关闭排水阀，测记孔隙水压力和排水管水面读数。

（5）微调压力机升降台，使活塞与试样接触，此时轴向变形指示计的变化值为试样固结时的高度变化。

3. 试样剪切

（1）剪切应变速率黏土宜为每分钟应变 0.05% ~ 0.1%，粉土为每分钟应变 0.1% ~0.5%。

（2）将测力计、轴向变形指示计及孔隙水压力读数均调整至零。

（3）启动电动机，合上离合器，开始剪切。测力计、轴向变形、孔隙水压力应按不固结不排水中的步骤进行测记。

（4）试验结束，关闭电动机，关闭各阀门，脱开离合器并将离合器调至粗位，转动粗调手轮，将压力室降下，打开排气孔，排出压力室内的水，拆卸压力室，拆除试样，描述试样破坏形状，称试样质量，并测定试样含水率。

4. 计算

（1）试样固结后的高度：

$$h_c = h_0 \left(1 - \frac{\Delta V}{V_0}\right)^{1/3} \tag{3-60}$$

式中：h_c 为试样固结后的高度，cm；ΔV 为试样固结后与固结前的体积变化，cm^3。

（2）试样固结后的面积：

$$A_c = A_0 \left(1 - \frac{\Delta V}{V_0}\right)^{2/3} \tag{3-61}$$

式中：A_c 为试样固结后的断面面积，cm^2。

（3）试样面积的校正：

$$A_a = \frac{A_0}{1 - \varepsilon_1} \tag{3-62}$$

式中：ε_1 为轴向应变，$\varepsilon_1 = \frac{\Delta h_1}{h_0} \times 100（\%）$；$\Delta h_1$ 为剪切过程中试样的高度变化，mm；h_0 为试样初始高度，mm。

（4）主应力差：按不固结不排水试验中给出的公式计算。

（5）有效主应力比。

有效大主应力：

$$\sigma_1' = \sigma_1 - v \tag{3-63}$$

式中：σ_1' 为有效大主应力，kPa；v 为孔隙水压力，kPa。

有效小主应力：

$$\sigma_3' = \sigma_3 - v \tag{3-64}$$

式中：σ_3' 为有效小主应力，kPa。

有效主应力比:

$$\frac{\sigma_1'}{\sigma_3'} = 1 + \frac{\sigma_1' - \sigma_3'}{\sigma_3'} \tag{3-65}$$

(6)孔隙水压力系数:

初始孔隙水压力系数:

$$B = \frac{u_0}{\sigma_3} \tag{3-66}$$

式中:B 为初始孔隙水压力系数;u_0 为施加周围压力产生的孔隙水压力,kPa。

破坏时孔隙水压力系数:

$$A_f = \frac{u_f}{B(\sigma_1 - \sigma_3)} \tag{3-67}$$

式中:A_f 为破坏时的孔隙水压力系数;u_f 为试样破坏时,主应力差产生的孔隙水压力,kPa。

5. 绘图

主应力差与轴向应变关系曲线,应按不固结不排水中的规定绘制。

(1)以有效主应力比为纵坐标,轴向应变为横坐标,绘制有效主应力比与轴向应变关系曲线(见图 3-32)。

(2)以孔隙水压力为纵坐标,轴向应变为横坐标,绘制孔隙水压力与轴向应变关系曲线(见图 3-33)。

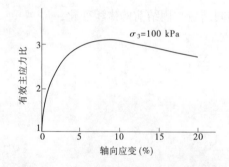
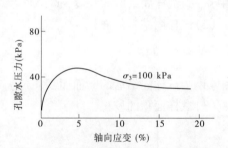

图 3-32　有效主应力比与轴向应变关系曲线　　图 3-33　孔隙水压力与轴向应变关系曲线

(3)以 $(\sigma_1' - \sigma_3')/2$ 为纵坐标,以 $(\sigma_1' + \sigma_3')/2$ 为横坐标,绘制有效应力路径曲线(见图 3-34),并计算有效内摩擦角和有效黏聚力。

有效内摩擦角:

$$\varphi' = \sin^{-1} \tan\alpha \tag{3-68}$$

式中:φ' 为有效内摩擦角,(°);α 为应力路径图上破坏点连线的倾角,(°)。

有效黏聚力:

$$c' = \frac{d}{\cos\varphi'} \tag{3-69}$$

式中:c' 为有效黏聚力,kPa;d 为应力路径上破坏点连线在纵轴上的截距,kPa。

以主应力差或有效主应力比的峰值作为破坏点、无峰值时,以有效应力路径的密集点

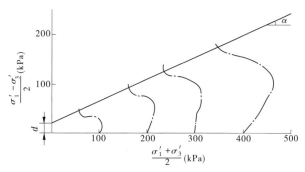

图 3-34　有效应力路径曲线

或轴向应变 15% 时的主应力差值为破坏点,按固结不排水中的规定绘制破损应力圆及不同围压力下的破损应力圆包线,并求出总应力强度参数;有效内摩擦角和有效黏聚力应以 $(\sigma_1' + \sigma_3')/2$ 为圆心, $(\sigma_1' - \sigma_3')/2$ 为半径绘制的有效破损应力圆确定(见图 3-35)。

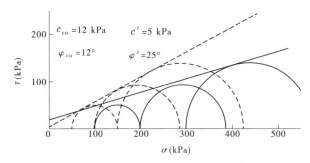

图 3-35　固结不排水剪强度包线

3.15.4.3　固结排水剪试验

1. 试样的安装、固结、剪切

应按固结不排水中的步骤进行,但在剪切过程中应打开排水阀。剪切速率采用每分钟应变 0.003% ~ 0.012%。

2. 计算

(1)试样固结后的高度、面积计算,应按固结不排水给出的公式进行。

(2)剪切时试样面积的校正:

$$A_a = \frac{V_c - \Delta V_i}{h_c - \Delta h_i} \tag{3-70}$$

式中: ΔV_i 为剪切过程中试样的体积变化,cm^3;Δh_i 为剪切过程中试样的高度变化,cm。

(3)主应力差、有效应力比及孔隙水压力系数,按不固结不排水中给出的公式进行计算。

3. 绘图

(1)主应力差与轴向应变关系曲线,应按不固结不排水中的规定绘制。

(2)主应力比与轴向应变关系曲线,应按固结不排水中的规定绘制。

(3)以体积应变为纵坐标,轴向应变为横坐标,绘制体应变与轴向应变关系曲线。

(4)破损应力圆、有效内摩擦角和有效黏聚力,应按固结不排水试验中的步骤绘制和确定(见图3-36)。

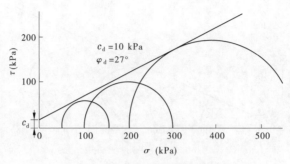

图 3-36　固结排水剪强度包线

3.15.5　数据处理与分析

3.15.5.1　试验数据记录

试验数据按表 3-23 的格式记录。

表 3-23　三轴剪力试验记录

轴向应变读数 (0.01 mm)	轴向应变 (%)	试样校正面积 (cm²)	主应力差 (kPa)	大主应力 (kPa)	莫尔圆半径 (kPa)	莫尔圆圆心 (kPa)
Δh	$\varepsilon = \dfrac{\Delta h}{h_0}$	$A_a = \dfrac{A_0}{1-\varepsilon}$	$\sigma_1 - \sigma_3 = \dfrac{CR}{A_a} \times 10$	$\sigma_1 = (\sigma_1 - \sigma_3) + \sigma_3$	$\dfrac{\sigma_1 - \sigma_3}{2}$	$\dfrac{\sigma_1 + \sigma_3}{2}$

3.15.5.2　计算

(1)轴向应变:

$$\varepsilon_1 = \frac{\Delta h_1}{h_0} \times 100 \tag{3-71}$$

式中:ε_1 为轴向应变(%);Δh_1 为试样剪切时高度变化,mm;h_0 为试样初始高度,mm。

(2)试样面积的校正:

$$A_a = \frac{A_0}{1 - \varepsilon_1} \tag{3-72}$$

式中:A_a 为试样的校正断面面积,cm²;h_0 为试样的初始断面面积,cm²。

(3)主应力差($\sigma_1 - \sigma_3$):

$$\sigma_1 - \sigma_3 = \frac{CR}{A_a} \times 10 \tag{3-73}$$

式中:$\sigma_1 - \sigma_3$ 为主应力差,kPa;σ_1 为大主应力,kPa;σ_3 为小主应力,kPa;C 为测力计率定系数,N/0.01 mm;R 为测力计读数,0.01 mm;10 为单位换算系数。

(4)破坏时有效主应力:

$$\overline{\sigma}_{3f} = \sigma_3 - u_f \tag{3-74}$$

$$\overline{\sigma}_{1f} = \sigma_{1f} - u_f = (\sigma_1 - \sigma_3)_f + \sigma_3 \tag{3-75}$$

式中:$\bar{\sigma}_{1f}$、$\bar{\sigma}_{3f}$ 分别为破坏时有效主应力和有效小主应力,kPa;σ_1、σ_3 分别为大主应力和小主应力,kPa;u_f 为破坏时孔隙水压力,kPa。

（5）计算孔隙水压力系数。

初始孔隙水压力系数:

$$B = \frac{u_i}{\sigma_{3i}} \tag{3-76}$$

式中:u_i 为施加周围压力产生的孔降水压力,kPa。

破坏时孔隙水压力系数:

$$A = \frac{u_f}{B(\sigma_{1f} - \sigma_{3i})} \tag{3-77}$$

式中:u_f 为试样破坏时,主应力差产生的孔隙水压力,kPa。

3.15.5.3　绘图

（1）以主应力差为纵坐标,轴向应变为横坐标,绘制主应力差与轴向应变关系曲线（见图 3-37）。取曲线上主应力差的峰值作为破坏点,无峰值时,取 15% 轴向应变的主应力差值作为破坏点。

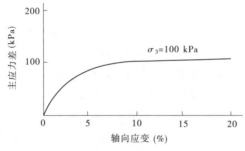

图 3-37　主应力差与轴向应变关系曲线

（2）以法向应力 σ 为横坐标、剪应力 τ 为纵坐标,在横坐标上以 $(\sigma_{1f} + \sigma_{3f})/2$ 为圆心,以 $(\sigma_{1f} - \sigma_{3f})/2$ 为半径（脚标 f 表示破坏时的值）,绘制破坏总应力圆后,做诸圆包线。该包线的倾角为内摩擦角,包线在纵坐标上的截距为内聚力 c_u,如图 3-38 所示。

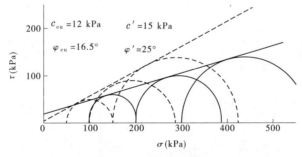

图 3-38　剪强度包线

3.15.6　注意事项

（1）不固结不排水剪试验（UU）通常用 3~4 个圆柱形试样,分别在不同恒定周围压力(小主应力下,施加轴向应力进行剪切,直至破坏,在整个过程中,不允许试样排水。试验适用于测定黏质土和砂类土的总抗剪强度参数 c_u、φ_u。

(2)固结不排水试验中测定孔隙水压力可求得土的有效强度指标,以便进行土体稳定的有效应力分析。

(3)试验前要求对仪器进行检查,以保证施加的周围压力能保持恒压。孔隙水压力量测系统应无气泡。仪器管路应畅通,无漏水现象。

(4)试样的允许尺寸及最大粒径是根据国内现有的三轴仪压力室确定的。国产三轴仪试样尺寸为 ϕ39.1 mm、ϕ61.8 mm、ϕ101 mm,但从国外引进的三轴仪试样尺寸最小为35 mm,故本规程规定试样直径为35 mm、101 mm。试样的最大允许粒径参照国内外标准,规定为试样直径的1/10及1/5,以便扩大使用范围。原状土试样制备用切土器切取即可。对扰动试样,可采用压样法和击样法。压样法制备的试样均匀,但时间长,故通常用击样法制样,击锤的面积宜小于试样面积。在击实分层方面,为使试样均匀,层数多,效果好,本规程规定黏质土为5~8层,粉质土为3~5层。砂类土的试样制备通常有干样制备和煮沸制备两种。前者可测定干燥状态砂类土的强度,也可以在试样成型后注水饱和,以测定饱和状态下砂类土的强度。

(5)饱和的方法有抽气饱和、浸水饱和、水头饱和及反压饱和,应根据不同土类和要求饱和度而选用不同的方法。通常对黏性土采用抽气饱和,粉土用浸水饱和,砂性土采用水头饱和,渗透系数小于 10^{-7} 的老黏土用反压饱和等。

(6)对试样施加的周围压力应尽可能与土体现场的压力一致。对于高路堤或其他荷载较大的工程,由于仪器性能的限制,不能对试样施加较大的周围压力,也允许用较小的周围压力进行试验。

(7)就不固结不排水试验而言,若不测孔隙水压力,在通常的速率范围内对强度影响不大,故可根据试验方便的原则选择剪切速率,本试验建议应变速率为每分钟0.5%~1.0%。

(8)由于不同土类的破坏特性不同,不能用一种标准来选择破坏标准。试验中规定采用最大主应力差、最大主应力比和有效应力路径的方法来确定强度的破坏值。当试验中无明显破坏值时,为了简单,可用应变为15%时的主应力差作为破坏值。当出现峰值后,再进行5%后停止试验;若测力计读数无明显减少,则垂直应变应进行到20%。

(9)固结排水试验的目的是测定土的应力—应变关系,求得土的有效强度指标,从而研究各种遗址土的强度及变形特性。

3.16 无侧限抗压强度试验

无侧限抗压强度是遗址土在无侧向压力的条件下,抵抗轴向压力的极限强度。无侧限抗压强度试验可以测定土遗址本体及其加固土的抗压强度和灵敏度。因其设备简单,操作简便,数据可靠,工程应用较为广泛。

3.16.1　试验目的

通过无侧限抗压强度试验得到试件在无侧向压力的条件下,抵抗轴向压力的极限强度。

3.16.2　试验原理

无侧限抗压强度试验是三轴压缩试验的一个特例,即周围压力 $\sigma = 0$ 的三轴试验,又称单轴试验,是试验中将试样置于不受侧向限制(无侧向压力)的条件下进行的强度试验,此时试样小主应力为零,而大主应力(轴向压力)的极限值为无侧限抗压极限强度。由于试样侧面不受限制,这样求得的抗剪强度值比常规三轴不排水抗剪强度值略小。

3.16.3　仪器设备与材料

(1)应变控制式无侧限抗压强度仪:如图 3-39 所示,包括测力计、加压框架及升降螺杆。根据土的软硬程度,选用不同量程的测力计。

(2)切土盘:如图 3-40 所示。

(3)重塑筒:筒身可拆为两半,内径 40 mm,高 100 mm,如图 3-41 所示。

(4)百分表:量程 10 mm,分度值 0.01 mm。

(5)其他:天平(感量 0.1 g)、秒表、卡尺、直尺、削土刀、钢丝锯、塑料布、金属垫板、凡士林等。

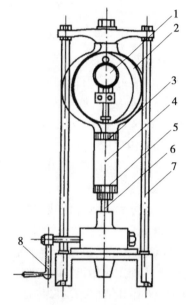

1—百分表;2—测力计;3—上加压杆;
4—试样;5—下加压板;
6—升降螺杆;7—加压框架;8—手轮

图 3-39　应变控制式无侧限抗压强度仪

3.16.4　试验步骤

(1)将原状土样按天然层次方向放在桌上,用削土刀或钢丝锯削成稍大于试件直径的土柱,放入切土盘的上下盘之间,再用削土刀或钢丝锯沿侧面自上而下细心切削。同时边转动圆盘,直至达到要求的直径。取出试件,按要求的高度削平两端。端面要平整,且与侧面垂直,上下均匀。当试件表面因有砾石或其他杂物而成空洞时,允许用土填补。

试件直径和高度应与重塑筒直径和高度相同,一般直径为 40 ~ 50 mm,高为 100 ~ 120 mm。试件高度与直径之比应大于 2,按软土的软硬程度采用 2.0 ~ 2.5。

(2)将切削好的试件立即称量,准确至 0.1 g。同时,取切削下的余土测定含水率。用卡尺测量其高度及上、中、下各部位直径,按式(3-78)计算其平均直径 D_0:

$$D_0 = \frac{D_1 + 2D_2 + D_3}{4} \tag{3-78}$$

式中:D_0 为试件平均直径,cm;D_1、D_2、D_3 分别为试件上、中、下各部位的直径,cm。

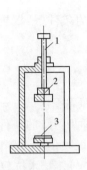

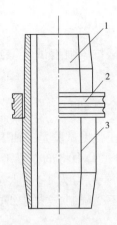

1—转轴;2—上盘;3—下盘　　　　　　　　1—重塑筒筒身(可以拆分);2—钢箍;3—接缝

图 3-40　切土盘　　　　　　　　　　　　图 3-41　重塑筒

(3)在试件两端抹一薄层凡士林,为防止水分蒸发,试件侧面也可抹一薄层凡士林。

(4)将制备好的试件放在应变控制式无侧限抗压强度仪下加压板上,转动手轮,使其与上加压板刚好接触,调测力计百分表读数为零点。

(5)以轴向应变 1%/min ~ 3%/min 的速度转动手轮(0.06 ~ 0.12 mm/min),使试验在 8 ~ 20 min 内完成。

(6)应变在 3% 以前,每 0.5% 应变记读百分表读数一次;应变达 3% 以后,每 1% 应变记读百分表读数一次。

(7)当百分表达到峰值或读数达到稳定后,再继续剪 3% ~ 5%,当轴向应变达 20% 时即可停止试验。若读数无稳定值,则轴向应变达 20% 时即可停止试验。

(8)试验结束后,迅速反转手轮,取下试件,描述破坏情况。

(9)若需测定灵敏度,则将破坏后的试件去掉表面凡士林,再加少许土,包以塑料布,用手捏搓,破坏其结构,重塑为圆柱形,放入重塑筒内,用金属垫板挤成与筒体积相等的试件,即与重塑前尺寸相等,然后立即重复本试验第(4) ~ (8)步骤进行试验。

3.16.5　数据处理与分析

3.16.5.1　计算

(1)按式(3-79)计算轴向应变:

$$\varepsilon_1 = \frac{\Delta h}{h_0} \times 100 \tag{3-79}$$

式中:ε_1 为轴向应变(%);h_0 为试样起始高度,mm;Δh 为轴向变形,mm,$\Delta h = n \times \Delta L - R$,$n$ 为手轮转数,ΔL 为手轮每转一周,下加压板上升高度(为 0.2 mm),mm,R 为量力环量表读数,mm。

(2)按式(3-80)进行试样面积校正:

$$A_a = \frac{A_0}{1 - \varepsilon_1} \tag{3-80}$$

式中：A_a 为校正后试样面积，cm^2；A_0 为试样初始面积，cm^2。

（3）按式（3-81）计算试样所受的轴向应力：

$$\sigma = \frac{C \cdot R}{A_a} \times 10 \tag{3-81}$$

式中：σ 为轴向应力，kPa；C 为量力环率定系数，N/0.01 mm；R 为量力环量表读数，0.01 mm；10 为单位换算系数。

（4）按式（3-82）计算灵敏度：

$$S_t = \frac{q_u}{q'_u} \tag{3-82}$$

式中：q_u 为原状试样的无侧限抗压强度，kPa；q'_u 为重塑试样的无侧限抗压强度，kPa。

3.16.5.2　绘图

以轴向应变 ε 为横坐标，轴向应力 σ 为纵坐标，绘制 ε—σ 关系曲线，如图 3-42 所示。取曲线上最大轴向应力作为无侧限抗压强度 q_u，当曲线上峰值不明显时，取轴向应变 15% 所对应的轴向应力作为 q_u。

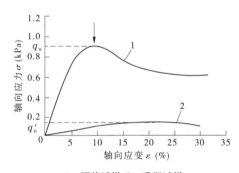

1—原状试样；2—重塑试样

图 3-42　轴向应力与轴向应变的关系曲线

3.16.5.3　试验记录表

无侧限抗压强度试验记录表见表 3-24。

3.16.6　注意事项

（1）饱和黏土的抗压强度随着土密度增加而增大，并随着含水率增加而减小，测定无侧限抗压强度时，要求在试验过程中含水率保持不变，若土的渗透性较小，试验历时较短，可以认为试验前后的含水率基本不变，所以要控制剪切时间和应变速率，防止试验中试样发生排水及表面水分蒸发。

（2）破坏值的选择。试样受压破坏形式一般有脆性破坏和塑性破坏两种。脆性破坏有明显的破坏面，轴向压力具有峰值，破坏值容易选取；而塑性破坏时没有破裂面，其应力随着应变增加，不具有峰值或稳定值。选取破坏值时，按照应变 15% 所对应的轴向应力为抗压强度。重塑试样的取值标准与原状试样的取值标准应相同，即峰值或应变 15% 所对应的轴向应力为无侧限抗压强度。

表 3-24　无侧限抗压强度试验记录

工程名称＿＿＿＿＿＿＿＿＿＿＿　　　　　　　试　验　者＿＿＿＿＿＿＿＿＿＿＿

土样编号＿＿＿＿＿＿＿＿＿＿＿　　　　　　　计　算　者＿＿＿＿＿＿＿＿＿＿＿

取土深度＿＿＿＿＿＿＿＿＿＿＿　　　　　　　校　核　者＿＿＿＿＿＿＿＿＿＿＿

土样说明＿＿＿＿＿＿＿＿＿＿＿　　　　　　　试验日期＿＿＿＿＿＿＿＿＿＿＿

试验前试样高度 $h_0=$　cm	试验前试件直径 $D_0=$　cm	无侧限抗压强度 $q_u=$　kPa
试验试件面积 $A_0=$　cm^2	试件质量 $m=$　g	灵敏度 $s_t=q'_u=$　kPa
试件密度 $\rho=$　g/cm^3	测力计校正系数	试件破坏情况：
	$C=$　N/0.01 mm	

测力计百分表读数 R（0.1 mm）	下压板上升高度 ΔL（cm）	轴向变形 Δh（cm）	轴向应变 ε_1（%）	校正后面积 A_a（cm^2）	轴向荷载 P（N）	轴向应力 σ（kPa）	备注
（1）	（2）	（3）	（4）	（5）	（6）	（7）	
		（2）－（1）	$\dfrac{（3）}{h}$	$\dfrac{A_0}{1-（4）}$	（1×C）	$\dfrac{（6）}{（5）}$	

（3）测定土的灵敏度是判别土的结构受扰动对强度的影响程度，因此重塑试样除不具有原状试样的结构外，应保持与原状试样相同的密度和含水率。大然结构的土经重塑后，它的结构黏聚力已经全部消失，但经过一段时间后，可以恢复一部分，放置时间越长，恢复程度越大，所以需要测定灵敏度时，应立即进行重塑试样的试验。

（4）试验时，在试样两端抹一薄层凡士林的目的是当轴向压力作用于试样时，试样与传压板之间即发生与侧向膨胀力方向相反的摩擦力。该力使两端土的侧向膨胀受到限制，使试样变成鼓形。轴向变形越大，鼓形越大，这样试样内的应力分布就不均匀。为了减小影响，在试样两端抹一层凡士林。

第 4 章 非饱和土力学试验

　　土为三相材料,即固相、液相和气相,当孔隙中充满水时为饱和土,否则为非饱和土。遗址土体孔隙中多为孔隙气和孔隙水所充填,是严格意义上的非饱和土。非饱和土在土遗址环境中普遍存在,而完全饱和土在土遗址中实际存在很少。受历史原因和气候条件改变的影响,自然界中大量存在着一些具有特殊性质的土类,如残积土、膨胀土、湿陷性土等,也都属于非饱和土。

　　非饱和土的最大特性就是土体内通常存在基质吸力。土中气体对土体力学特性的影响,即所谓基质吸力的作用,是非饱和土研究中的核心问题。

4.1　非饱和土土—水特征曲线试验

　　土—水特征曲线是非饱和土力学中的基础本构关系,描述了土体内部吸力与含水量之间的变化关系。非饱和土土—水特征曲线(SWCC)是土体含水率(重力含水率、体积含水率、饱和度)与吸力(基质吸力、总吸力)的关系曲线。它表示了土壤中水的能量与数量之间的关系。土的吸力是土中含水量的函数,是土中液相上各种压力的补偿。测试方法主要有压力板法、滤纸法及饱和盐溶液法。

　　通过图 4-1 可以看到,土中 A 点横坐标对应的值为该土—水特征曲线的进气值($u_a-u_w)_b$,当土体吸力达到该吸力时,气体可以进入到土体中,θ_s 为饱和含水率;图中 B 点纵坐标为该土—水特征曲线的残余含水率 θ_r,横坐标为残余基质吸力,当土体含水率低于 B 纵坐标时,含水率的细微改变即会使得基质吸力产生较大的变化。以上两参数即进气值 $(u_a-u_w)_b$ 与残余含水率 θ_r 都是通过在土—水特征曲线转折点做双切线而得到的。因此,以 A 点和 B 点位置为边界将土—水特征曲线划分为三阶段,分别为边界效应阶段、转化段及残余段。其中,边界效应表述土体基质吸力从 0 增到进气值时的阶段,使气体进入土体最大孔隙中;转化段表述从进气值到残余基质吸力的阶段,在该阶段内,基质吸力随含水率的增加而迅速减少;残余段表述在该阶段内,增加较大的基质吸力,含水率会产生较小的变化。进气值的作图法规定,将曲线右侧水平段向左延长,相交于基质吸力段斜直线延长线 A 点,此交点横坐标基质吸力值将其定义为进气值,将曲线左侧水平段向右延长,相交于基质吸力段斜直线延长线 B 点,定义此交点横坐标基质吸力值为残余基质吸力。

　　目前,非饱和土研究领域中,研究者更倾向于采用两个独立的应力状态变量基质吸力(u_a-u_w),净法向应力($\sigma-u_a$)来描述非饱和土的力学性状,并且由于非饱和土的工程性状与基质吸力结合非常紧密,基质吸力又与含水率关系非常密切,因此采用土体内部的基质吸力与含水率之间的关系来表示土—水特征曲线被大多数研究者采纳。同时,在土遗址保护领域中,降雨型滑坡预测及边坡稳定性研究、渗透性抗剪强度等方面的研究都需要运用有关土—水特征曲线的相关理论。研究土体与含水量关系曲线,需要较为先进的试验

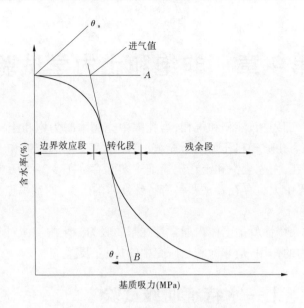

图 4-1　土—水特征曲线示意图

仪器和科学的测试方法。测试土体土—水特征曲线(SWCC)对于预测非饱和土力学性质、渗透系数、抗剪强度及分析土遗址边坡稳定性具有重要意义。

4.1.1　土中吸力的组成

根据相对湿度确定的土中吸力通常称为总吸力,它有两个组成部分,即基质吸力和渗透吸力。基质吸力和渗透吸力和总吸力可定义如下:

(1)基质吸力。为土中水自由能的毛细部分,它是通过量测与土中水处于平衡的部分蒸气压(相对于溶液处于平衡的部分蒸气压)而确定的等值吸力。

(2)渗透吸力。为土中水自由能的溶质部分,它是通过量测与溶液处于平衡的部分蒸气压(相对于与自由纯水处于平衡的部分蒸气压)而确定的等值吸力。

(3)总吸力。为土中水的自由能,它是通过量测与土中水处于平衡的部分蒸气压(相对于与自由纯水处于平衡的部分蒸气压)而确定的等值吸力。

上述定义清楚表明,总吸力相当于土中水的自由能,而基质吸力和渗透吸力是自由能的组成部分,可用公式表示如下:

$$\psi = (u_a - u_w) + \pi \tag{4-1}$$

式中:$(u_a - u_w)$为基质吸力;u_a为孔隙气压力;u_w为孔隙水压力;π为渗透吸力。(非饱和土力学 Fredlund,第 79 页)

4.1.2　压力板法

4.1.2.1　试验目的

通过压力板法测取不同吸力段的土—水特征曲线,压力板法测得土—水特征曲线基质吸力范围为 0~1.5 MPa。

4.1.2.2　试验原理

压力板法的技术原理即使用了轴平移技术,这一技术是指在试验进行时逐渐提升试验密闭环境内的孔隙气压力,而用饱和高进气值材料将孔隙水压力维持在一参考值(通常为 0),这样做可对基质吸力进行直接控制。

压力板试验是利用压力板仪中较高的进气值陶土板隔绝水和空气的特点,测取土—水特征曲线,在不锈钢室内施加气压 u_a 使土中水排出,待基质吸力($u_a - u_w$)稳定,其中孔隙水压力 u_w 为 0,即 u_a 代表基质吸力,通过逐级增加气压 u_a 和记录量管内含水率,即可测得该土样的土—水特征曲线。

4.1.2.3　仪器设备与材料

(1)应力相关土—水特征曲线压力板仪,试验仪器如图 4-2 所示。

(2)压力板仪不锈钢室内包括不锈钢室壁、陶土板、环刀螺丝等。

(3)压力室的控制面板包括高压及低压压力表、压力调节器、显示面板等。

(4)垂直气动加载系统包括加载架、加载气缸、压力表及压力调节器。

图 4-2　应力相关土—水特征曲线压力板仪(压力泵)

4.1.2.4　试验步骤

(1)进行试验前先把土样烘干并过 2 mm 筛备用,将最优含水率作为配制土样时的含水率,充分搅拌后存放置密封袋内 24 h 以上,以便于密封袋内土水充分接触,使水分分布平衡。

(2)将配土制成直径 61.8 mm、高度 20 mm 的试样。

(3)将制备好的试样进行抽气饱和,把试样装样进行脱湿试验。

(4)在不锈钢室内放置试样,加不高于陶土板进气值的气压力,利用作用于土样中的气压力使土中水通过陶土板排出到仪器的量管内,施加气压力的 u_a 路径为 5 kPa→25 kPa→50 kPa→100 kPa→200 kPa→300 kPa→400 kPa→800 kPa。

(5)通过读取仪器量管内水量的变化就可计算得到每级吸力下的含水率,在读取量管内液柱刻度时要提前冲刷陶土板底部管路,以便于排出陶土板下面的空气,使读数准确。

（6）每次加气压平衡时间不得少于 96 h，当量管内水刻度不再变化则认为该级气压达到平衡，随着施加的气压增大，平衡时间会持续增加。

4.1.2.5　数据处理与分析

将压力板试验得到的数据整理后，以基质吸力为横坐标、含水率为纵坐标绘制土—水特征曲线。

4.1.3　滤纸法

4.1.3.1　试验目的

通过滤纸法测取不同吸力段的土—水特征曲线，滤纸法测得土—水特征曲线吸力范围为 0~40 MPa。

4.1.3.2　试验原理

滤纸法是在土样中含水率和滤纸含水率在同一吸力情况下没有发生水分迁移而达到平衡的理论上建立的。滤纸法可以分为接触法和非接触法两种，如图 4-3 所示，非接触法将滤纸与土体隔开放置，在基质吸力与渗透吸力作用下是滤纸含水率达到平衡，容器内的相对湿度可以与土中总吸力值（基质吸力与渗透吸力）分别对应，因此可以通过非接触法测试土体总吸力；接触法使滤纸与土体保持接触，在一段时间内使土体与滤纸间水分发生迁移，当达到平衡时滤纸中平衡含水率即可表示土中基质吸力的作用效果。

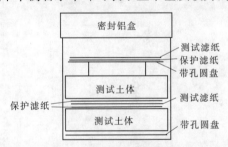

图 4-3　滤纸法试验示意图

其基质吸力率定曲线方程为

$$\left.\begin{array}{ll}\lg S = -\ 0.076 w_{\mathrm{fp}} + 5.493, & w_{\mathrm{fp}} \leqslant 47\% \\ \lg S = -\ 0.012 w_{\mathrm{fp}} + 2.470, & w_{\mathrm{fp}} > 47\% \end{array}\right\} \tag{4-2}$$

式中：S 为吸力，kPa；w_{fp} 为滤纸的含水率（%）。

4.1.3.3　仪器设备与材料

（1）恒温恒湿箱。

（2）抽真空装置。

（3）精度为 0.000 1 g 精密天平。

（4）保鲜盒。

（5）其他。环刀、滤纸、透明胶带、镊子、保鲜膜等。

4.1.3.4　试验步骤

图 4-4 即为滤纸法试验步骤示意图，具体试验步骤如下：

(a)饱和试样　　　　　　　(b)试样烘干

(c)推出试样　　　　　　　(d)试样

(e)放置基质吸力滤纸　　(f)基质吸力滤纸放置完毕　　(g)缠绕电工胶带

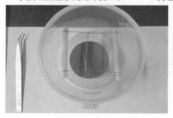

(h)放置总吸力支架　　(i)放置总吸力滤纸　　(j)形成密闭空间

(k)保鲜膜覆盖　　　　　(l)恒温恒湿箱

图 4-4　滤纸法试验步骤示意图

（1）运用环刀饱和器进行不少于 8 h 的抽真空饱和作业。

（2）将试样均匀烘干至相应的含水率，含水率间隔为 3%。每组由保鲜盒营造 8 个固定含水率梯度的密闭环境。

（3）每个保鲜盒需要 2 张直径为 70 mm 的滤纸，用于总吸力的平行测定；1 张直径为 50 mm 的滤纸，用于基质吸力的量测；2 张直径为 61.8 mm 双圈定量滤纸，作为基质吸力的保护滤纸。

（4）试验开始前，将上述滤纸置于 105 ℃烘箱中烘干不少于 8 h，之后将烘箱温度调至 50 ℃备用。每个保鲜盒 2 个试样，试样中间用镊子依次放置双圈滤纸、直径为 50 mm 滤纸和双圈滤纸；紧压上下 2 个试样，用电工胶带缠绕一周，以提高基质吸力量测精度。

（5）在保鲜盒中放置滤纸支架，上部放置 2 张直径为 70 mm 的滤纸以避免与试样接触，以此进行总吸力的平行测定。然后盖好容器盖，密封保存。将密闭保鲜盒放入恒温恒湿箱中，控制温度为 25 ℃，吸力平衡时间为 10 d。

（6）到达吸力平衡时间后，迅速取出每个保鲜盒中的 3 张滤纸，使用分析天平测定滤纸质量。将滤纸放入保鲜盒中，置于 105 ℃烘箱烘干，确定烘干后的滤纸质量。所有保鲜盒都采取类似的操作。每次的量测时间不多于 30 s，以减少环境湿度对滤纸质量的影响。此外，每个保鲜盒中分别量测上下 2 个试样的重力含水率。

4.1.3.5　数据处理与分析

（1）将滤纸法试验得到的数据整理后，以基质吸力、总吸力为横坐标，以含水率为纵坐标绘制土—水特征曲线。

（2）由于总吸力由基质吸力与渗透吸力构成，而渗透吸力仅与土样中矿物盐成分有关，因此基质吸力足够大时可近似认为与总吸力相等。

4.1.4　饱和盐溶液法

4.1.4.1　试验目的

通过饱和盐溶液法测取不同吸力段的土—水特征曲线，饱和盐溶液法测得土—水特征曲线吸力范围为 3~367 MPa。

4.1.4.2　试验原理

饱和盐溶液蒸汽平衡法是指将土样放置不同饱和盐溶液的环境中，用不同的饱和盐溶液控制土样的环境湿度，从而通过环境湿度来控制土样的吸力，并且认为此试验所测总吸力值基本等于基质吸力值。

4.1.4.3　仪器设备与材料

（1）密封塑料盒。

（2）电子天平。

（3）其他。镊子、胶带。

（4）各类型盐溶液。所用饱和盐溶液及其对应吸力值是根据全国物理化学计量技术委员会给出的饱和盐溶液标准相对湿度值。其饱和盐溶液及其对应的吸力值如表 4-1 所示。

表 4-1 饱和盐溶液及对应吸力值(20 ℃)

饱和盐溶液	相对湿度(%)	总吸力(MPa)
K_2SO_4	97.60	3.29
KCl	85.10	21.82
NaCl	75.50	38.00
KI	69.90	48.42
NaBr	59.10	71.12
K_2CO_3	43.20	113.50
$MgCl_2 \cdot 6H_2O$	33.10	149.51
CH_3COOK	23.10	198.14
$LiCl \cdot H_2O$	12.00	286.70
LiBr	6.60	367.54

4.1.4.4 试验步骤

图 4-5 即为饱和盐溶液试验步骤示意图,具体试验步骤如下:

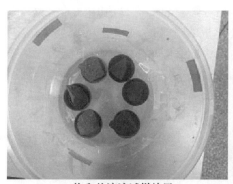

(a)饱和盐溶液试样放置

(b)试样放入密封盒中静置

(c)静置时间结束取出试样

(d)称量试验后试样质量

图 4-5 饱和盐溶液试验步骤示意图

（1）对以最优含水率为初始含水率的环刀试样（直径 61.8 mm，高 20 mm）进行抽气饱和。

（2）将饱和后的环刀样平均切成 8 份，再将其放置烘箱烘干待用。

（3）在塑料盒中分别配制如表 4-1 所示的饱和盐溶液（共 10 种饱和盐溶液），配制完成后将不同干密度烘干后试样（每种溶液放置 2 小块切割后的试样）分别放置各饱和盐溶液正上方的带孔塑料板中，以使饱和盐溶液与试样隔开，最后用保鲜膜密封并扣紧塑料盒盖，并保持室温为 20 ℃，之后保持每周量一次试样质量。

（4）在一周内同一饱和盐溶液内 2 小块试样质量均基本保持不变时，则认为试样的吸力已与所对应饱和盐溶液的蒸汽压力达到平衡，之后通过烘干法取 2 小块试样含水率的平均值，最终得到各试样的含水率，完成一条试验曲线用时 2~3 个月。

4.1.4.5　数据处理与分析

将饱和盐溶液法试验得到的数据整理后，以基质吸力为横坐标，以含水率为纵坐标绘制土—水特征曲线。

4.1.5　注意事项

（1）压力板法中仅当土中的基质吸力不超过陶瓷板的进气值时，空气和水才能用高进气值陶瓷板隔开。如果土中的基质吸力超过板的进气值，那么空气就会穿过陶瓷板而进入量测系统。量测系统中空气会使封闭系统中的孔隙水压力量测产生错误。

（2）滤纸法对于测试技术要求很高，测定滤纸含水率时必须十分细心，注意避免滤纸取出后水分的蒸发。

（3）滤纸法中滤纸与土样之间保证有良好接触是困难的，非接触法保证能测出总吸力，而接触法测出的可能是总吸力，也可能是基质吸力。因此，滤纸法通常用于测定总吸力。

4.2　非饱和土抗剪强度理论

对于遗址土强度特性而言，最为直观的表现就是土体的抗剪强度大小。虽然大部分土遗址处于干旱少雨的地区，但遗址土仍有可能面临持续饱水的极端状况，特别是对于含有较多黏性土的遗址土，随着土体表层吸水膨胀，结构逐步破坏，力学强度急剧降低，最终崩解坍塌。这使得研究非饱和土的强度特性具有非常重要的理论和工程意义。在土遗址边坡问题中，非饱和土体的基质吸力所产生的抗剪强度会对边坡稳定性提供很大的贡献，但一旦降雨过大使得土体中含水率增高，基质吸力提供的抗剪强度部分会大大地降低，边坡的稳定性就会因此而降低。在基质吸力的影响下，不同含水率情况下土体的抗剪强度是不同的。在一定应力范围内，摩尔-库仑强度理论可表示为

$$\tau_\mathrm{f} = c + \sigma\tan\varphi \tag{4-3}$$

从式（4-3）中可见，土的强度由两部分组成：c 和 $\sigma\tan\varphi$。前者为黏聚力，后者为摩擦强度。实际上，土的强度理论及影响因素十分复杂，其表现形式与实际机制往往不一致，不可能将二者截然分开。强度远大于颗粒间的连接，在外力的作用下，土颗粒沿接触处相

互错动而发生剪切破坏,剪切破坏是强度破坏的重要特点,所以在非饱和土的研究中强度问题一直是基本内容及重点。

4.2.1　Bishop 理论公式

有效应力是在饱和土的研究中由太沙基提出的,1959 年毕肖普(Bishop)对理论进行扩展得到了非饱和土的有效应力公式:

$$\sigma' = (\sigma - u_{\mathrm{a}}) + \chi(u_{\mathrm{a}} - u_{\mathrm{w}}) \tag{4-4}$$

毕肖普(Bishop)用破坏时的应力间接获取 χ 的值,并用传统的摩尔-库仑破坏准则表示土的抗剪强度:

$$\tau_{\mathrm{f}} = c' + \left[(\sigma - u_{\mathrm{a}})_{\mathrm{f}} + \chi_{\mathrm{f}}(u_{\mathrm{a}} - u_{\mathrm{w}})_{\mathrm{f}} \right] \tan\varphi' \tag{4-5}$$

整理得

$$\chi_{\mathrm{f}} = \frac{\tau_{\mathrm{f}} - c' - (\sigma - u_{\mathrm{a}})_{\mathrm{f}} \tan\varphi'}{(u_{\mathrm{a}} - u_{\mathrm{w}})_{\mathrm{f}} \tan\varphi'} \tag{4-6}$$

式中:$\sigma - u_{\mathrm{a}}$ 为净法向应力;$u_{\mathrm{a}} - u_{\mathrm{w}}$ 为基质吸力;c' 为有效黏聚力;φ' 为有效内摩擦角;χ 为有效应力参数;χ_{f} 为净有效应力参数。

Bishop 理论的缺点:将基质吸力($u_{\mathrm{a}} - u_{\mathrm{w}}$)的影响视为有效应力,其实与荷载导致的有效应力相比,两者的作用机制是不同的。因此,将二者进行直接叠加不合理。此外,c 值不易求得,其影响因素较多,使得该理论得到实际应用比较困难。

4.2.2　Fredlund 理论公式

Fredlund(1978 年)以大量试验为基础,从非饱和土的强度特性为研究点,根据非饱和土的双应力变量($\sigma - u_{\mathrm{a}}, u_{\mathrm{a}} - u_{\mathrm{w}}$)理论,提出了非饱和土的抗剪强度理论公式:

$$\tau_{\mathrm{f}} = c' + (\sigma - u_{\mathrm{a}}) \tan\varphi' + (u_{\mathrm{a}} - u_{\mathrm{w}}) \tan\varphi^{b} \tag{4-7}$$

式中:$\tan\varphi^{b}$ 是抗剪强度随基质吸力($u_{\mathrm{a}} - u_{\mathrm{w}}$)的增大而增大的速率。Fredlund 先假设 $\tan\varphi^{b}$ 是个常量,即抗剪强度随基质吸力线性增大,但后来的试验证明抗剪强度与基质吸力的关系是非线性的。Fredlund 将基质吸力对抗剪强度的影响作用与土—水特征曲线的应用联系起来,提出了利用饱和土的抗剪强度参数和特定的土—水特征曲线来计算非饱和土抗剪强度的经验性公式。

式(4-5)和式(4-7)在原理上是相同的,但式(4-7)把基质吸力对非饱和土抗剪强度的影响作为单独变量进行计算,而不是直接考虑有效应力的增加,这有利于分析非饱和土抗剪强度的影响因素。式(4-7)中最后一项($u_{\mathrm{a}} - u_{\mathrm{w}}$)$\tan\varphi^{b}$ 可以视作非饱和土假黏聚力的组成部分。

Fredlund 公式中的参数 φ^{b} 和 Bishop 公式中的参数 c 都不是常数,研究发现,它们通常都会随着基质吸力的增大而减少,但规律不明显,且很难测定准确,在工程实际应用中困难。

4.2.3　Vanapalli 理论公式

总结以上学者的工作,Vanapalli 等(1996 年)在分析非饱和土微观结构的基础上,将土中含水率的变化与 f^b 通过土—水特征曲线建立联系,提出了非饱和土抗剪强度的经验公式,来预测非饱和土抗剪强度与含水率的关系。并提出了 f^b 与土的体积含水率之间的关系公式:

$$\tan\varphi^b = \left(\frac{\theta - \theta_r}{\theta_s - \theta_r}\right)\tan\varphi' \tag{4-8}$$

式中:θ 为体积含水率;θ_r 为残余体积含水率;θ_s 为饱和体积含水率。

结合式(4-7),非饱和土抗剪强度可表示为:

$$\tau_f = c' + (\sigma - u_a)\tan\varphi' + (u_a - u_w)\left[\left(\frac{\theta - \theta_r}{\theta_s - \theta_r}\right)\tan\varphi'\right] \tag{4-9}$$

由式(4-8)可以看出,φ^b 随基质吸力的增加而减小,根据土—水特征曲线可以容易地计算得到不同土样的 φ^b,在工程实际应用中较便利。

对比以上公式可发现,非饱和土与饱和土抗剪强度的表达式存在明显差异,非饱和土的抗剪强度主要由三个部分组成:

(1)土颗粒受外部有效应力作用挤压得到的摩擦强度。

(2)由土颗粒间由于黏聚力带来的强度。

(3)土颗粒孔隙中存在着基质吸力而产生的强度,称为吸附强度。

非饱和土抗剪强度的研究对象主要是吸附强度,即基质吸力对抗剪强度的影响作用,以及基质吸力影响在不同条件下发生的变化,在不同的强度公式中,吸附强度的表达式是不同的。非饱和土基质吸力随含水率的变化是非线性的,很难找到一个精确而又简单的公式来表示所有非饱和土的抗剪强度随基质吸力的变化规律。可见,尽管当前非饱和土强度理论取得了较大的进步,也获得了很多世界上公认的成果,但是依旧存在很多不足,值得继续探索与研究。

4.3　非饱和土直接剪切试验

直剪试验是测定土的抗剪强度的一种常用方法,是土样在一定的正应力下沿固定的剪切面剪切至破坏的过程。通常采用不少于 3 个试样进行试验,利用土样在不同正应力下的最大剪应力,来求得土样的抗剪强度指标,故直剪试验得到的是土的峰值抗剪强度。在实际土遗址建筑物赋存环境下,土体大多是处于非饱和状态的,为了获取有效的抗剪强度参数,需要我们对现场遗址土体进行非饱和直接剪切试验。

4.3.1　试验目的

测定非饱和土的抗剪强度,获得计算土遗址地基强度和稳定性的基本指标(黏聚力和内摩擦角值)。

4.3.2　试验原理

试样放在直剪盒中,并在垂直法向应力 σ 下进行固结。在固结过程中,必须将孔隙气压力和孔隙水压力控制在选定的压力范围内。利用轴平移技术可将基质吸力提高到大于 1 个大气压力。为了将孔隙气压力提高到大于大气压力,可在 1 个压力空气室内进行直剪试验。利用一块放在试件下面的高进气值陶瓷板,可将孔隙水压力加以控制。在固结完毕时,试件的净法向应力为(σ_n-u_a),基质吸力为(u_a-u_w),使直剪盒的上半盒对于下半盒进行水平向的位移,从而产生剪切。试件沿着剪力盒的上下两部分之间的水平面发生剪切。剪切试件所需的水平荷重除以试件的名义上的面积为剪切面上的剪应力。在剪切过程中,将孔隙气压力和孔隙水压力控制为常数。增加剪应力直到试件破坏。用符号τ_{ff}代表破坏面上的剪应力,相应的净法向应力为$(\sigma_f-u_a)_f$[等于$(\sigma-u_a)$],基质吸力为$(u_a-u_w)_f$[等于(u_a-u_w)]。可在同一种土样上施加不同的法向力进行剪切,将剪切破坏时的剪应力作为土的抗剪强度。

4.3.3　仪器设备与材料

试验采用全自动非饱和土直剪仪试验系统。该仪器由四联直剪系统、数据采集和计算机控制部分组成,数据采集和剪切过程实现全自动化,最大程度上避免了人为因素的干扰,该仪器的详细构造如图 4-6 所示。

图 4-6　全自动非饱和土直剪仪

4.3.4　试验步骤

(1)调整机架,使其水平,稳固仪器。检查杠杆两侧与吊圈是否相摩,轴承滚动应灵活。调整平衡陀位置,使杠杆处于平衡状态,调整时,用手扶正拉杆,目测杠杆基本水平,旋紧平衡陀并帽。旋开螺栓,与杠杆充分脱开,并将杠杆处于立柱中间。滚动钢球放入导轨中,滚动灵活无异物卡阻。

(2)旋紧剪切盒上的螺丝插销,在下框内放入透水石,用环刀切取土样,修平两端,环刀平口向下,用推土器将土样推入剪切盒内,顺次盖上透水石、传压板。

(3)将加压框上的横梁压头对准传压板,调整压头位置,使杠杆微微上抬,框架向后时,容器部分能自由取放。安装测力环、百分表。转动顶头,向前推进测力环,使加压框处于垂直状态,把固定座上的螺丝顶头向前旋进,使之接触良好,锁紧螺母。

(4)逐次施加垂直压力。拔出插销,转动手轮,使上盒刚好接触量力环,百分表对零,同时将垂直移位百分表对零,旋动传压螺钉,适量抬高杠杆,若试样未经预压可略高,以免加压后土样下沉而使杠杆过于倾斜。插入插销。

（5）待土样受载或达到固结要求时，拧出剪切盒上的螺丝插销，准备剪切。按试验要求选择剪切速率。将仪器电源插到电源插座上，将开关拨到［前进］挡，开始剪切，量力环百分表指针不再前进，或有后退时记下数值。

（6）一般剪切位移应达到 4 mm 左右。当剪切过程中百分表读数无峰值时，则可剪至 6 mm。试验结束后，将仪器整理归位。剪切盒擦拭干净，表面涂以薄层防锈油。

4.3.5 数据处理与分析

（1）将非饱和土直接剪切试验获取的数据，绘制应力—应变曲线。图 4-7 为非饱和直剪试验测得的典型剪应力与水平位移关系曲线。

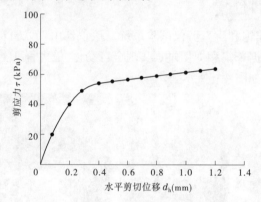

图 4-7 典型剪应力与水平位移关系曲线

（2）同时根据剪切结果绘制强度包络曲线，得到非饱和土抗剪强度指标。根据直剪试验成果绘制破坏包络面，无需绘制莫尔圆。以破坏时的剪应力为纵坐标值，并以$(\sigma_f - u_a)_f$ 和 $(u_a - u_w)_f$ 为横坐标值进行绘图，可得破坏包络面上的一点。$(\sigma_f - u_a)_f$ 值相同的诸点的连线给出 φ^b 角。同样，$(u_a - u_w)_f$ 值相同点的连线可给出内摩擦角。

4.3.6 注意事项

用直剪仪进行非饱和土试验中的有关注意事项与饱和土的直剪试验类似。

4.4 非饱和土三轴剪切试验

三轴试验可以更好地模拟土体所处的应力环境，更加贴近实际。而对潮湿环境下土遗址的非饱和土，如果用饱和土的指标来代替，会忽略了非饱和土的一些特性，不切合实际。因此，有必要对非饱和状态下的遗址土进行非饱和土三轴试验。

非饱和土抗剪强度各个表达式中的参数，一般均采用非饱和土三轴试验的方法测定。对 Bishop 强度表达式，所需测定的强度参数为有效黏聚力、有效内摩擦角、有效应力参数；对 Fredlund 强度表达式，所需测定的参数为有效黏聚力、有效内摩擦角。由于不同试验条件下得到的强度参数不同，在试验时，需要视强度应用的具体情况采用不同的试验方法。常用的试验方法有固结排水试验(CD 试验)、常含水率试验(CW 试验)、测量孔隙压力的固结不排水试验(CU 试验)。

影响非饱和土的抗剪强度指标最重要的因素就是基质吸力。不同的基质吸力对应的非饱和土的抗剪强度不同,而且基质吸力与饱和度也有很大的关系,在进行控制基质吸力试验时,首先要进行土—水特征曲线试验。

4.4.1　试验目的

在土—水特征曲线试验数据的基础上,控制不同的基质吸力进行非饱和土三轴试验,得到不同基质吸力下遗址土的抗剪强度指标。

4.4.2　试验原理

4.4.2.1　固结排水试验(CD 试验)

与常规三轴相比,非饱和土的三轴同样包括两个主要的阶段:固结阶段和剪切阶段。剪切阶段是在允许孔隙水和孔隙气外排的条件下进行的。固结阶段,在土样周围施加一个各向相等的压力 σ_3。通过轴平移技术控制基质吸力(u_a-u_w),即控制孔隙水压力 u_a 和孔隙水压力 u_w,在试验时经常把孔隙气压力和孔隙水压力调为大于 0 的数值。固结完成时,试验净围压为(σ_3-u_a),基质吸力为(u_a-u_w)。剪切阶段,施加轴向应力主应力差$(\sigma_1-\sigma_3)$,使试样缓慢地压缩,试验的过程一定要缓慢,采用合适的剪切速率,避免施加主应力差过快,产生超孔隙水压力和超孔隙气压力。剪切的整个过程必须是排水的状态,所以要打开孔隙水压力和孔隙气压力的阀门。在剪切过程要保持净围压(σ_3-u_a),基质吸力不变化与固结完成时的净围压和基质吸力相等,只是不断地缓慢地增大轴向主应力差,直至达到剪切破坏时的净最大主应力差$(\sigma_1-u_a)_f$。

4.4.2.2　常含水率试验(CW 试验)

常含水率试验分为固结和剪切两个阶段。试验的整个过程中,孔隙气可以排除,而孔隙水不可以向外排出。固结阶段与固结排水试验相似,在土样周围施加一个各向相等的压力 σ_3。通过轴平移技术控制基质吸力(u_a-u_w),即控制孔隙水压力 u_a 和孔隙水压力 u_w,在试验时经常把孔隙气压力和孔隙水压力调为大于 0 的数值。固结完成时,试验净围压为(σ_3-u_a),基质吸力为(u_a-u_w)。剪切阶段,施加轴向应力主应力差$(\sigma_1-\sigma_3)$,使试样缓慢地压缩。剪切过程中要关闭孔隙水的排水阀门,打开孔隙空气排泄的阀门。在剪切过程要保持净围压不发生变化,与固结完成时的净围压相等,缓慢地增大轴向主应力差,直至达到剪切破坏时的净最大主应力差$(\sigma_1-u_a)_f$。

4.4.2.3　测量孔隙压力的固结不排水试验(CU 试验)

在可测量孔隙水压力的固结排水试验中,同样分为固结阶段和剪切阶段。先固结,然后剪切直至试样剪切破坏。但是整个试验的过程中,孔隙水和孔隙气是不允许排出的。本试验也是采用轴平移技术控制基质吸力为确定的值。固结阶段,在土样周围施加一个各向相等的压力 σ_3。固结完成时,试验净围压(σ_3-u_a),基质吸力为(u_a-u_w)。剪切阶段由于不排水排气,当轴向施加轴向主应力差,不断地对试样施加轴向荷载,就会使孔隙水和孔隙气的压力增加,形成超孔隙水压力和超孔隙气压力,这样就会使净围压(σ_3-u_a)和基质吸力发生变化。因此,剪切破坏时,净大主应力和基质吸力等状态变量数值的获得,必须测量孔隙气压力 u_a 和孔隙水压力 u_w 的值,这样才能得到准确的应力状态变量的数值。与基质吸力有关的参数 φ^b 与上两种试样方法相同,延长强度包线与抗剪强度—基质吸力面相交,即黏聚力的点,不同基质吸力对应的黏聚力的点的连线与基质吸力轴的夹角为 φ^b。

三轴试验的抗剪强度是由破坏时应力状态进行分析,如饱和土,在得到孔隙压力数据时可采用有效应力法,在不知道孔隙压力数据时则可采用总应力法。对于非饱和土也是同样的思路。在排水的情况下,孔隙压力是可以根据试验的要求所设置的,破坏时的应力状态变量是可以得到的具体的数值,可以用破坏时的应力状态变量来分析得到非饱和土抗剪强度参数等数据;对于不排水的情况,在剪切时,容易产生超孔隙水压力和超孔隙气压力,孔隙气压力 u_a 和孔隙水压力 u_w 是不断变化的,因此只有测得破坏时的孔隙压力才可以得到相应的应力状态变量。

4.4.3　仪器设备与材料

(1)非饱和三轴仪。非饱和三轴仪系统典型的基本硬件配置可以描述为 Bishop & Wesley 标准应力路径压力室(最大安装 100 mm 直径的试样)、HKUST 内压力室、差压传感器、压力/体积控制器、双通道气压控制器如图 4-8 所示。

图 4-8　非饱和三轴仪

(2)橡皮膜。应具有弹性的乳胶膜,对于直径 39.1 mm 和 61.8 mm 的试样,厚度选取为 0.1~0.2 mm。对直径 101 mm 的试样,厚度选取为 0.2~0.3 mm。在使用前要对橡皮膜进行漏气检查,两头扎紧放于水中充气,如果不出现气泡,则可以使用。

(3)透水石。直径应与试样的直径一致,在使用前应放于热水中煮沸并泡于水中。

(4)滤纸。试样周围所贴的滤纸条两端与透水石接触,排除乳胶膜与试样间的气泡,必要时可打开孔压旁阀门缓慢地从试样底部注水排气。为了缩短孔隙水压力的传输时间,加速排水,可在试样周围贴滤纸条。滤纸条的宽度为试样直径的 1/5~1/6,上下与透水石相连。

(5)其他。吸力球及装样器。

4.4.4　试验步骤

（1）饱和陶土板（15 Bar）。方法一：施加不超过 50 kPa 的反压，打开孔压传感器端阀门，排出管路和底座内部的气泡，然后关闭阀门，陶土板上表面完全被水覆盖则表明陶土板基本饱和，由于实验室较干燥，最好在陶土板上面覆盖一层透明薄膜；方法二：在试样室内装一定量的水（水面高于陶土板 20 mm 以上），打开孔压传感器端阀门，施加 500 kPa 围压，直至连接孔压传感器的管路中不再存在气泡。在装样过程中应该借助辅助装样工具，时刻注意减小对试样的扰动，在安装试样帽之前应该用细毛刷或者手将试样与橡皮膜之间的气泡赶出，试样安装后应采用抹布将底座上面的泥浆擦出避免其进入压力室内部，安装时注意顶帽的连接管应旋转缠绕试样以避免触碰内压力室。

（2）试样装好之后安装内压力室，安装前应该将底座上的内压力密封圈涂一层硅脂。将差压传感器的两根管道分别与内压力室和参照管相连。注水完成后，观察内压力室与湿差压传感器连接管路处是否漏水，打开湿差压传感器上部的堵头，排出管路中的气泡，如果打开堵头水无法自由流出，可以采用吸球施加一定的压力来解决。气泡排完后保证参照管水位大约在 2/3 位置，内压力室水位在细管中间位置。

（3）松开压力杆顶部固定螺丝，顺时针拧动滑动螺母，将压力杆向上移动（此步骤应该在上次拆样时完成，装样时应该检查一遍，拧动时保证压力杆不跟随一起转动），以避免安装时压力杆与试样接触而损坏试样，同时采用抹布将 12 通道环擦拭干净。

（4）打开压力室顶部的排气孔，通过外室注水端口向压力室注水，水位达到试样以上即可，不能够淹没内压力室，关闭压力室注水阀门和上部的排气孔。

（5）在加压前先检查一遍与外界相通的阀门是否关闭，同时保证孔隙气压管路处于不连接状态，并打开阀门。通过计算机施加一个 20 kPa 的围压，观察压力室是否密封，当压力室无漏水且孔隙气压端口无水流出时，连接孔隙气压管路。

（6）基本的非饱和试验一般包括三个过程：吸力平衡、等吸力固结和等吸力剪切。①吸力平衡。该阶段的主要目的是给试样施加一个基质吸力，使试样由饱和状态变成非饱和状态。为了保护设备并让试样与压力杆接触，在设置压力时应该遵循一个原则：轴向压力>径向压力>孔隙气压>反压。设置压力时所输入的时间为压力达到设置压力的时间。设置完成之后即可开始试验，吸力平衡阶段一般通过观察反压体积的变化来判定是否完成，当反压体积基本不变时说明吸力平衡阶段完成。②等吸力固结。等吸力固结设置方法与上步骤基本相同，不同的是压力大小。等吸力固结时反压和孔隙气压保持不变，同步增大围压和轴向压力，设置方式同上。等吸力固结阶段也是通过观察反压体积是否稳定来判断固结是否完成。③等吸力剪切。剪切包括应力控制和应变控制。剪切过程一定要比较缓慢避免孔隙水压力发生较大变化。应力控制：软件设置方法与上步骤基本相同，不同的是压力大小。围压、孔隙气压和反压保持不变，输入轴向应力和达到该应力所需要的时间。应变控制：选择轴向应变（axial strain controlled），围压、孔隙气压和反压保持不变，输入轴向应变和达到该应变所需要的时间。

（7）试验完成之后要卸载压力，卸载压力时应该按照由内向外的原则，即卸载压力的顺序是反压、孔隙气压、轴压和围压（注意轴压采用体积清零进行卸载）。在卸载围压时，可以同步打开内外压力室排水阀门,通过一定压力加快排水过程。卸载完成之后应该卸掉孔隙气压力管路,同时拎动压力杆顶部的螺栓使压力杆向上移动接近其上限(拧动时保证压力杆不跟随一起转动)。

(8)拧动螺栓卸载外压力室,注意应对称松开。取外压力室时应尽量避免与内压力室发生碰撞,做到轻拿轻放。拔出内压力室两侧的管路,在拔参照管管路时应该防止内部水喷射出来。取内压力室时慢慢摇动缓慢取出,注意不要用力过猛。先拆底部橡皮筋,将试样移动到压力室外部后再拆试样帽,拆完样之后将陶土板、底座和试样帽清洗干净,并在陶土板上面覆盖一层水以减少下次饱和陶土板的时间。

4.4.5　数据处理与分析

应力—应变关系曲线及强度包线的绘制。应力—应变曲线是偏应力与应变的关系$(\sigma_1 - \sigma_3)$—ε_1 曲线,根据有效应力原理得出有效大主应力 $\sigma_1' = \sigma_1 - u_a$、$\sigma_3' = \sigma_3 - u_a$,轴向的变形换算为轴向的应变 ε_1,换算公式依据土力学试验规范。

(1)轴向应变的计算:

$$\varepsilon_1 = \frac{\Delta h}{h_0} \times 100\% \qquad (4\text{-}10)$$

式中:Δh 为剪切过程中的轴向变形,mm;h_0 为试样起始高度,mm;ε_1 为轴向应变(%)。

(2)体积变化量的计算固结后体积计算:

$$v_c = 1/4\pi d_0^2 - \Delta v_c \qquad (4\text{-}11)$$

式中:d_0 为试样的直径,cm;Δv_c 为固结体变量,cm^3,固结前与固结完成后体变管的读数差。

剪切过程中体积变化量计算:

$$\Delta v = v_0 - v_i$$

式中:v_0 为初始体变管读数,cm^3;v_i 为任一时刻体变管读数,cm^3。

(3)试样剪切时面积的校正计算(CD):

$$A_a = (v_c - \Delta v_i)/(h_c - \Delta h) \qquad (4\text{-}12)$$

式中:h_c 为试样固结后的高度,mm;Δv_i 为剪切过程试样的体积变化,cm^3;Δh 为剪切过程试验的高度变化,cm^3,对于不固结不排水的试验(UU)和固结不排水的试验(CU),面积校正计算如下:

$$A_a = A_0/(1 - 0.01\varepsilon_1) \qquad (4\text{-}13)$$

式中:A_0 为初始截面面积,cm^2。

(4)主应力差的计算:

$$\sigma_1 - \sigma_3 = CR/A_a \times 100 \qquad (4\text{-}14)$$

式中:σ_3 为固结围压,kPa;C 为量力环读数;R 为量力环系数,kg/0.01 mm;σ_1' 为有效轴向应力,kPa;σ_3' 为有效固结围压,kPa。

(5)固结排水(CD)抗剪强度包线。

在不同围压下的破坏应力圆包线,以 $(\sigma_1' + \sigma_3')/2$ 为圆心,以 $(\sigma_1' + \sigma_3')/2$ 为半径确定有效的破坏应力圆曲线。

4.4.6　注意事项

（1）三轴试验在装样过程中应该借助辅助装样工具,时刻注意减小对试样的扰动,在安装试样帽之前应该用细毛刷或者手将试样与橡皮膜之间的气泡赶出,试样安装后应采用抹布将底座上面的泥浆擦出,避免进入压力室内部。安装时,注意顶帽的连接管应旋转缠绕试样以避免触碰内压力室。

（2）通过冲排水管道向内压力室注水,不得从压力室上部直接将水倒入,避免产生大量气泡;通过吸球给参照管注水,注水时需沿着参照管壁流入。

（3）安装压力室时,不得使压力杆与内压力室碰撞,同时观察压力杆与顶帽是否对正,如果没有对正,可以先挪动压力室使压力杆与顶帽对正,然后逆时针拧动滑动螺母降低加压杆,但暂时不要让两者完全接触,再将外压力室对正,通过螺栓固定压力室,在拧动螺栓时应该先将螺栓拧到一定位置,然后对称分多次逐渐紧固。

第 5 章　土的化学成分试验

　　古代建筑遗址大部分由夯土建造而成,其中还有少量土坯墙体。分析并确定土遗址夯土和土坯试样的化学成分及各成分所占的比例,对土遗址的化学加固保护具有重要的意义。

　　遗址土的化学成分试验是指测定土的酸碱度、烧失量,以及土中有机质、易溶盐等主要成分的全量试验。测定成果除有益于估测遗址土的矿物成分外,对于更加深入了解土遗址本体的工程特性也有着十分重要的作用。

5.1　酸碱度试验

　　酸碱度是评价土的物理化学性质和工程性质的一项重要的指标。一般根据土的 pH 值大于或小于 7 而将土分为碱性土或酸性土。土呈碱性时,往往与土中含有较多的碱金属碳酸盐和交换性碱金属离子有关。此时,土粒表面易于形成较扩展的扩散双电层,使它们趋于分散状态。这种土分散度高,塑性较大,遇水膨胀、失水收缩的特性比较明显,抗剪强度不高。而酸性土,如我国南方的红色黏土,孔隙溶液中氯离子浓度较高,交换性阳离子以铝为主。此时,土粒扩散双电层受到限制有利于凝聚,而土粒的边、角部位显正电性,土粒之间可通过带正电的边、角与带负电的基面的静电力相吸引而较牢固地连接,具有较高的力学强度,但击实性较差。所以,酸碱度对土的工程性质有重大影响。

5.1.1　试验目的

　　测定土的水浸出液或悬液的酸碱度,并以 pH 值表示。酸碱度(pH 值)是溶液中氢离子浓度(氢离子活度)的负对数。pH 值的范围为 0~14,pH 值是标志溶液酸碱度的通用指标。

5.1.2　试验原理

5.1.2.1　比色法

　　比色法是将指示剂(弱酸或弱碱的有机化合物)放入待测液中,即可根据未电离的分子与电离后的分子(电离程度与酸碱度有关)具有不同颜色这一特性,判定土的酸碱度。在浸出液中加入溴百里酚蓝指示剂后,显示黄色时为酸性,显示绿色时为中性,显示蓝色时为碱性,因此只要按要求选用适当的指示剂和相应的标准色列,即可由比色计的说明得到土的酸碱度。

5.1.2.2　电位测定法

　　以电位法测定土样悬液 pH 值,通用 pH 值玻璃电极为指示电极,甘汞电极为参比电极。此二电极插入待测液时构成电池反应,其间产生电位差,因参比电极的电位是固定的,故此电位差的大小取决于待测液的 H^+ 离子活度或其负对数 pH 值。因此,可用电位计测定电动势。再换算成 pH 值,一般用酸度计可直接测读 pH 值。

5.1.3　仪器设备与材料

(1)玻璃电极、甘汞电极或复合电极,以及电磁搅拌器、电动振荡器。

(2)天平:称量 100 g,感量 0.01 g。

(3)试剂:①苯二甲酸氢钾($KHC_8H_4O_4$);②Na_2HPO_4(分析纯);③KH_2PO_4(分析纯);④硼砂($Na_2B_4O_7 \cdot 10H_2O$);⑤饱和氯化钾(KCl)溶液。

5.1.4　试验步骤

(1)在测定土样前应按照所用仪器的使用说明书校正酸度计。

(2)称取通过 1 mm 筛的风干土样 10 g,放入具塞的广口瓶中,加水 50 mL(土水比为1∶5)。在振荡器上振荡 3 min,静置 30 min。

(3)将 25~30 mL 的土悬液盛于 50 mL 烧杯中,将该烧杯移至电磁搅拌器上。再向该烧杯中加一只搅拌子。

(4)将已校正完毕的玻璃电极、甘汞电极(或复合电极)插入杯中,开动电磁搅拌器搅拌 2 min,从酸度计的表盘(或数字显示器)上直接测定出 pH 值,准确至 0.01。测记土悬液温度。

(5)进行温度补偿操作。测定完毕,应关闭酸度计和电磁搅拌器的电源,用水冲洗电极,并用滤纸吸干电极上沾附的水。若一批试验测完后第二天仍继续测定,可将玻璃电极部分浸泡在纯水中。

5.1.5　注意事项

(1)甘汞电极是目前常用的参比电极。甘汞电极是由含有饱和甘汞的氯化钾溶液与金属汞相接触的电极体系以及盐桥两部分组成,两部分分别套以玻璃管。盐桥下端底部焊上石棉丝与外部测定液相通。盐桥用溶液为饱和氯化钾溶液。在使用前应将电极侧管的小橡皮塞取下,以使管内氯化钾溶液借重力维持一定的流速。甘汞电极一般为 KCl 饱和溶液灌注,如果发现电极内已无 KCl 结晶,应从侧面投入一些 KCl 结晶体,以保持溶液的饱和状态。不使用时,电极可放在 KCl 饱和溶液或纸盒中保存。

(2)土悬液的制备:浸提液有水和氯化钾盐溶液等。一般土壤悬液越稀,测得的 pH 值越高,尤以碱性土的稀释效应较大。为了便于比较,测定 pH 值的土水比应当固定。水土比可采用 1∶1、5.3∶1 和 5∶1 等。规定振荡 3 min,静止 30 min 测定。

(3)水中 CO_2 会使测得的土壤 pH 值偏低,故应尽量除去,以避免其干扰。

(4)待测土样不宜磨得过细,宜用通过 1 mm 筛孔的土样测定。

5.2　烧失量试验

烧失量即将在 105~110 ℃烘干的遗址土在 1 000~1 100 ℃灼烧后失去的重量百分

比。土壤烧失量的分析有其特殊意义。它表征土壤加热分解的气态产物(如 H_2O、CO_2 等)和有机质含量的多少。按照化学分析所得到的成分,可以判断遗址土的纯度,大致计算出土遗址耐火性能,借助有关相图也可大致计算出其矿物组成。

5.2.1　试验目的

采取高温灼烧的方式,对遗址土土样质量的损失率进行测量。

5.2.2　试验原理

一般规定,试样在950~1 000 ℃下灼烧后减少的质量百分数即为烧失量(个别试样的测定温度则另做规定)。当土样在高温下灼烧时,试样中的许多组分将发生氧化、分解及化合等反应。烧失量实际上是样品中各种化学反应在质量上的增加和减少的代数和。

5.2.3　仪器设备与材料

(1)高温炉:自动控制温度达1 300 ℃。

(2)分析天平:称量100 g。

(3)坩埚、干燥器、坩埚钳等。

5.2.4　试验步骤

(1)将空坩埚放入已升温至950 ℃的高温炉中灼烧0.5 h,取出稍冷0.5~1 min,放入干燥器中冷却0.5 h,称量。

(2)称取通过1 mm筛孔的烘干土(在100~105 ℃烘干8 h)1~2 g(称准到0.000 1 g),放入已灼烧至恒量的坩埚中,把坩埚放入未升温的高温炉内,斜盖上坩埚盖。

(3)徐徐升温至950 ℃,并保持恒温0.5 h,取出稍冷,盖上坩埚盖。放入干燥器内,冷却0.5 h后称量。重复灼烧称量,至前后两次质量相差小于0.5 mg,即为恒量。至少做一次平行试验。

5.2.5　数据处理与分析

烧失量按下式计算:

$$烧失量(\%) = \frac{m - (m_2 - m_1)}{m} \times 100 \tag{5-1}$$

式中:m 为烘干土样质量,g;m_1 为空坩埚质量,g;m_2 为灼烧后土样+坩埚质量,g。

烧失量试验结果精度应符合表5-1的规定。

表 5-1　矿质全量分析及烧失量测定结果允许偏差

测定值(%)	绝对偏差(%)	相对偏差(%)
>50	<0.9	1.0~1.5
50~30	<0.7	1.5~2.0
30~10	<0.5	2.0~3.0

续表 5-1

测定值(%)	绝对偏差(%)	相对偏差(%)
10~5	<0.3	3.0~4.0
5~1	<0.2	4.0~5.0
1~0.1	<0.05	5.0~6.0
0.1~0.05	<0.006	6.0~8.0
0.05~0.01	<0.004	8.0~10.0
0.01~0.005	<0.001	10.0~12.0
0.005~0.001	<0.000 6	12.0~15.0
<0.001	<0.000 15	15.0~20.0

5.2.6　注意事项

(1)烧失量是全量分析的一个组成部分。它不包括吸湿水,仅包括有机质和结合水,石灰性土中还包括二氧化碳(由碳酸盐所产生)。因此,必须用烘干土做烧失量测定。

(2)关于烧失量的灼烧温度,有文献采用 550 ℃或 700 ℃,同时也有采用 950 ℃的,《公路土工试验规程》(JTG E40—2007)中采用 950 ℃。但确系中性土和酸性土时,亦可采用 700 ℃。

(3)坩埚放入干燥器中的平衡时间,要尽量一致,称量应越快越好,以免样品吸湿。称量时切不可用手直接拿取坩埚,可戴上干净的汗布手套拿取,也可用坩埚钳夹取。

(4)当遇到有机质含量高的样品时,可预先放在四孔小电炉上碳化后,再放入高温炉中灼烧。

(5)有机质含量高,烧失量就高;烧失量高,有机质含量却并不一定高。也就是说,烧失量的高低并不一定能准确地反映土中的有机质含量水平。

(6)停电、停水、停气或发生其他非人力可避免的自然灾害时,对检测结果有影响时,需取样重做。

5.3　有机质含量试验

含有机质土的加固一直是现阶段土遗址修复加固研究的热点,20 世纪 70 年代以来,人们开始使用加固材料加固遗址土,然而由于遗址土中有机质的特殊作用,加固强度低,效果不良,且对原本遗址土质造成污染。随着时代的发展,学者们逐渐开始对有机质与加固材料之间的相互作用关系进行研究,避免出现理论落后实践的情况,对含有机质遗址土进行盲目加固。

土中有机质的主要组分为腐殖质,腐殖质由腐殖酸、富里酸和胡敏素三大部分组成,因此使用加固材料对含有机质土体加固,需明确土粒主体(土矿物)、有机质(腐殖质)和加固材料三者之间的作用关系。有机质的化学成分和特殊结构,使土体物理力学性质不同,同时影响加固材料与土体间的相互作用,影响加固效果。

5.3.1　试验目的

本试验的目的在于测定土中有机质的含量。

5.3.2　试验原理

由于重铬酸钾的强氧化作用,可将土体有机质中碳元素氧化为二氧化碳,因此重铬酸钾容量法常被用来测定含量土体中有机质和有机碳的含量。该方法有一定的局限性,测试结果在有机质小于15%的土样中较为准确。其反应方程式如下:

$$2K_2Cr_2O_7 + 3C + 8H_2SO_4 \rightarrow 2K_2SO_4 + 2Cr_2(SO_4)_3 + 3CO_2\uparrow + 8H_2O \qquad (5\text{-}2)$$

根据工程经验,有机碳是土体有机质的主要组成部分,土体中有机碳约为有机质总量的58%,因此土壤检测标准(NY/T 1121.6—2006)试验测出有机碳后乘以1.724为土体内有机质含量。重铬酸钾容量法测得的有机质偏低,一般只有有机质实际含量的90%。

5.3.3　仪器与材料

5.3.3.1　试验仪器

(1)分析天平:称量200 g。

(2)电炉:附自动控温调节器。

(3)油浴锅:应带铁丝笼。

(4)温度计:0~250 ℃,精度1 ℃。

5.3.3.2　试剂

(1)0.075 0 mol/L $K_2Cr_2O_2$—H_2SO_4 溶液。

(2)0.2 mol/L 硫酸亚铁($FeSO_4 \cdot 7H_2O$)溶液。

(3)邻菲咯啉指示剂($C_{12}N_8N_2 \cdot H_2O$)。

(4)石蜡(固体)或植物油2 kg。

(5)浓硫酸(H_2SO_4)(密度1.84 g/mL 化学纯)。

5.3.4　试验步骤

(1)用分析天平准确称取通过100目筛的风干土样0.100 0~0.500 0 g,放入干燥的硬质试管中,用滴定管准确加入0.075 0 mol/L $K_2Cr_2O_2$—H_2SO_4 标准液10 mL(在加入3 mL时摇动试管使土样分散),并在试管口插入一小玻璃漏斗,以冷凝蒸出水汽。

(2)将8~10个已装入土样和标准溶液的试管插入铁丝笼中(每笼中均有1~2个空白试管),然后将铁丝笼放入温度为185~190 ℃的石蜡油浴锅中,试管内的液面应低于油面。要求放入后油浴锅内油温下降至170~180 ℃,以后应注意控制电炉,使油温维持在170~180 ℃,待试管内试液沸腾时开始计时,煮沸5 min,取出试管稍冷,并擦净试管外部油液。

（3）将试管内试样倾入 250 mL 锥形瓶中，用水洗净试管内部及小玻璃漏斗，使锥形瓶中的溶液总体积达 60~70 mL，然后加入邻菲啰啉指示剂 3~5 滴，摇匀，用硫酸亚铁（或硫酸亚铁铵）标准溶液滴定，溶液由橙黄色经蓝绿色突变为橙红色时即为终点，记下硫酸亚铁（或硫酸亚铁铵）标准溶液的用量，精确至 0.01 mL。

5.3.5　数据处理与分析

有机质含量按下式计算：

$$有机质（\%）= \frac{C_{FeSO_4}(V'_{FeSO_4} - V_{FeSO_4}) \times 0.003 \times 1.724 \times 1.1}{m_s} \qquad (5\text{-}3)$$

式中：C_{FeSO_4} 为硫酸亚铁标准溶液的浓度，mol/L；V'_{FeSO_4} 为空白标定时用去的硫酸亚铁标准溶液的量，mL；V_{FeSO_4} 为测定土样时所用去的硫酸亚铁标准溶液的量，mL；m_s 为土样质量，将风干土换算为烘干土，g；0.003 为碳原子的摩尔质量，g/moL；1.724 为有机碳换算成有机质的系数；1.1 为氧化校正系数。

有机质含量试验结果精度应符合表 5-2 的规定。

表 5-2　有机质测定的允许偏差

测定值（%）	绝对偏差（%）	相对偏差（%）
10~5	<0.3	3~4
5~1	<0.2	4~5
1~0.1	<0.05	5~6
0.1~0.05	<0.004	6~7
0.05~0.01	<0.006	7~9
<0.01	<0.008	9~15

5.3.6　注意事项

（1）测定有机质的方法很多，有容量法、质量法、比色法等。但应用普遍的为容量法。在容量分析法中最普遍的则是 $K_2G_2O_2$ 法。因此，选用了重铬酸钾容量法。因该法的氧化能力有一定限度，有机质含量大于 15% 的土样不宜直接采用该法测定。要测定时，可称磨细土样 1 份（准确到 1 mg）与经过高温灼烧并磨细的矿质土 9 份（准确到 1 mg）充分混匀；再从中称样分析，其结果以称样量的 1/10 计算。若土样中含有 Cl^-、Fe^{2+}、Mn^{2+} 等还原性物质，则须去除或经校正，否则本法不适用。

（2）有机质是指土中碳、氮、氢、氧为主，还有少量硫、磷和金属元素组成的有机化合物。本试验仅测定土中的有机碳，再乘以 1.724 的经验系数和 1.1 的氧化校正系数后换算为有机质，以烘干土的质量百分比表示。

5.4　易溶盐成分影响试验

遗址土中易溶盐包括所有的氯化物盐类、易溶的硫酸盐类和碳酸盐类。这些盐类既可以呈固态，也可以呈液态存在于遗址土中，而且经常相互转化。它们溶解于孔隙溶液中的阳离子与土粒表面吸附的阳离子之间，可以互相置换，并处于动平衡状态。因此，易溶盐的含量、成分和状态及其变化，对土粒表面扩散双电层的性状和结构联结的特性等有较大的影响，从而引起遗址土的物理力学性质也发生变化。

在对土遗址修复加固时，必须要了解遗址土中的易溶盐含量。易溶性的氯化物、硫酸盐和碳酸盐的工程性质也不相同，氯化物有很大的溶解度和吸水性，它们可以从空气中逐渐吸收水分而使本身的重量增加，其中以氯化钙最显著，因此富含氯化物的土能获得较多的水分，且不易蒸发。在干旱地区，对夯实工作是有利的。氯化物在各种温度下溶解度变化不大，不致因气候骤冷而析出大量结晶而使土体膨胀。硫酸盐在干燥状态下无吸水性，但它们从溶液中结晶析出时，会有大量结晶水，因而体积增大，这些结晶水在温度较高时便可脱出，成为无水的硫酸盐，体积就缩小。硫酸盐的溶解度随温度不同而发生急剧变化。因此，在温度下降时，可析出大量结晶，这些易变的特性，对土遗址工程建筑是不利的。易溶性的碳酸盐主要为碳酸钠和重碳酸钠，其溶液呈较强的碱性，是土的天然分散剂，能减弱或破坏土粒间的结构联结，使之分散，降低土遗址地基的稳定性。

5.4.1　试验目的

测定遗址土中易溶盐包括氯化物盐类、易溶的硫酸盐类和碳酸盐类的含量及比例，以确定土对工程腐蚀性的影响，更好地为工程服务。

5.4.2　试验原理

土中易溶盐总量的测定方法主要有两种：重量法（烘干法）、电测法。电测法虽简单迅速，但需要特殊仪器（电导仪），而且该法易受各种因素（如盐分组成、温度等）的影响，精度较差，故本试验采用重量法（烘干法）。

重量法的原理是按一定土水比例，用水将土中易溶盐类浸出，烘干，称重，所称得的烘干物质作为易溶盐的总量。

5.4.3　仪器设备与材料

（1）分析天平：称量 200 g，感量 0.000 1 g。

（2）水浴锅：瓷蒸发皿，干燥器。

（3）试剂：①15%H_2O_2；②2%的 Na_2CO_3 溶液：2 g 无水 Na_2CO_3 溶于少量水中，稀释至 100 mL。

5.4.4　试验步骤

（1）用移液管吸取浸出液 50 mL 或 100 mL（视易溶盐含量多少而定），注入已经在

105~110 ℃烘至恒量(前后两次质量之差不大于 1 mg)的瓷蒸发皿中,盖上表盖,架空放在沸腾水浴锅上蒸干(当吸取溶液太多时,可分次蒸干)。蒸干后残渣呈现黄褐色时(有机质所致),应加入 15% H_2O_2 1 mL,继续在水浴锅上蒸干,反复处理至黄褐色消失。

(2)将蒸发皿放入 105~110 ℃的烘箱中烘干 4~8 h,取出后放入干燥器中冷却 0.5 h,称量。再重复烘干 2~4 h,冷却 0.5 h,用分析天平称量,反复进行至前后两次质量差值不大于 0.000 1 g。(《公路土工试验规程》(JTG E40—2007),357)

(3)易溶盐总量测定采用烘干法。适用于各类土,不需要特殊的仪器设备,且比较精确,故在室内分析中应用广泛。当烘干残渣中有较多的钙、镁硫酸盐存在时,在 105~110 ℃下结晶水难以蒸发,会使结果偏高,应改为 180 ℃烘干至恒量。当烘干残渣中有较多的吸湿性强的钙、镁氯化物存在时,将难以恒量。可在浸出液内预先加入 2% 的 Na_2CO_3 溶液 10~20 mL,使其转变为钙、镁碳酸盐,在 180 ℃下烘干至恒量。

5.4.5　数据处理与分析

易溶盐总量按下式计算:

$$易溶盐总量(\%) = \frac{m_2 - m_1}{m_s} \times 100 \tag{5-4}$$

式中:m_2 为蒸发皿加蒸干残渣质量,g;m_1 为蒸发皿质量,g;m_s 为相当于 50 mL 或 100 mL 浸出液的干土质量,g。

5.4.6　注意事项

重量法测定硫酸根,适用于硫酸根含量高的试样。该法是测硫酸根的标准方法。重量法精确度高,但操作冗长,所需待测液较多,且待测液须特别清亮。

5.4.6.1　碳酸根及重碳酸根的测定

碳酸根(CO_3^{2-})和重碳酸根(HCO_3^-)用双指示剂中和滴定法测定。该方法是利用碱金属酸盐和重碳酸盐水解时碱性强弱不同,用酸分步滴定,并以不同指示剂指示终点,由标准酸液用量算出碳酸根和重碳酸根的含量。

5.4.6.2　氯根的测定

氯根(Cl^-)采用硝酸根滴定法测定,以铬酸钾为指示剂。该方法是根据铬酸银与氯化银的溶解度不同,以铬酸钾为指示剂用硝酸银进行 Cl^- 滴定时,氯化银首先沉淀,待其完全后,多余的银离子才能生成砖红色铬酸银沉淀,此时即表明氯根滴定已达终点。

5.4.6.3　硫酸根的测定

在酸性溶液中,硫酸盐与氯化钡反应生成硫酸钡沉淀。在适当的条件下(加条件试剂和恒定搅拌)能形成大小均匀的硫酸钡晶体颗粒,使溶液形成稳定的悬浊液,其浊度大小与硫酸盐含量成正比。因此,硫酸根采用乙二胺四乙酸二钠(简称 EDTA)络合滴定法和比浊法测定,EDTA 络合滴定法是用过量的氯化钡使溶液中的 SO_4^{2-} 沉淀完全,再用 EDTA 标准溶液在 pH 值约为 10 时,以铬黑 T 为指示剂滴定过量的 Ba^{2+},最后由净消耗的 Ba^{2+} 离子量计算 SO_4^{2-} 含量。比浊法是使氯化钡与溶液中 SO_4^{2-} 形成硫酸钡沉淀,然后在一定条件下使硫酸钡分散成较稳定的悬浊液,在比浊计中测定其浊度,按照浊度查标准曲线便可计算硫酸根的含量。

5.4.6.4　钙离子的测定

在强碱性溶液中(pH 值>12.5),使镁离子生成氢氧化镁沉淀后,用 EDTA 单独与钙离子作用生成稳定的无色络合物。滴定时用钙红指示剂指示终点。钙红指示剂在相同条件下,也能与钙形成酒红色络合物,但其稳定性能比钙和 EDTA 形成的无色络合物稍差。当用 EDTA 滴定时,先将游离钙离子络合完成,再夺取指示剂络合物中的钙,使指示剂释放出来,溶液就从酒红色变成蓝色,即为终点。

5.4.6.5　镁离子的测定

在 pH 值=10 的条件下,以铬黑 T 等作为指示剂,用 EDTA 标准溶液滴定 Ca^{2+},求 Mg^{2+} 含量,根据消耗 EDTA 的体积,即可算出水中钙、镁含量,再从含量中减去 Ca^{2+} 含量而求出 Mg^{2+} 含量。另外,可通过原子吸收分光光度计法测定钙、镁含量,原子吸收分光光度法是原子吸收光谱分析的一种,因其灵敏度高,元素间干扰影响较小,测定简便,适用性广。

5.4.6.6　钠离子与钾离子的测定

火焰原子吸收分光光度计法是发射光谱分析中较简单的一种方法,它是利用火焰激发使原子跃迁而产生特征谱线,当水中钾离子和钠离子被原子化后,此基态原子吸收采自金属元素空心阴极灯发出的共振线,且吸收强度与样品中钾离子和钠离子的浓度成正比例关系。这种方法简单、迅速、灵敏度高,常用来测定钾离子、钠离子含量,尤其是它们含量较低时,用火焰原子吸收分光光度计法优于其他测试方法。

5.5　中溶盐成分影响试验

遗址土中的中溶盐包括氧化物盐类、硫酸盐,这些盐类溶解在孔隙溶液中的阳离子与土粒表面吸附的阳离子之间,可以相互置换,并处于动平衡状态,是土中较易变化的物质,其含量和成分易随环境条件,特别是水分状况的改变而变化,对土粒表面扩散双电层的性状和结构联结的特性等有较大的影响,从而引起土的物理力学性质的变化。

5.5.1　试验目的

遗址土中的中溶盐主要针对指土中石膏而言的。测定结果以干土中含 $CaSO_4 \cdot 2H_2O$ 的质量百分数表示,主要是测定中溶盐的含量及比例。

5.5.2　试验原理

中溶盐石膏测定方法为盐酸浸提硫酸钡质量法。

5.5.3　仪器设备与材料

(1)分析天平:称量 200 g,感量 0.000 1 g。
(2)离心机(40 r/min)、80 mL 离心管。
(3)高温电炉、瓷坩埚。

(4)移液管、容量瓶、烧杯。

(5)试剂：

①70%乙醇：700 mL 无水乙醇用水稀释至 1 000 mL。

②1 mol/L HCl：83.3 mL 浓 HCl 用水稀释至 1 L。

③10% $BaCl_2$ 溶液(W/V)：称取 10 g $BaCl_2$·$2H_2O$ 用水溶成 100 mL。

④1：1 氨(NH_3)水：1 份浓氨(NH_3)水+1 份水。

⑤1：1 HCl：1 份浓 HCl+1 份水。

⑥1%(W/V)甲基橙指示剂：1 g 甲基橙指示剂溶于 100 mL 水中。

5.5.4　试验步骤

(1)洗去盐分：在 1%感量天平上称取通过 0.25 mm 的风干土样 1~10 g(含石膏 0.1~0.8 g 于离心管中,加 50 mL 70%乙醇,在 2 500~3 000 r/min 离心机中,倾去洗液,反复洗涤直到 SO_4^{2-} 反应。

(2)用 1 mol/L HCl 浸提：给脱盐后的土样中加 1 mol/L HCl 约 30 mL 搅动、离心、将清液倾入 100 mL 容量瓶中,反复 3 次,最后用水定容。

(3)沉淀 $BaSO_4$,吸取清液 30 mL,于 250 mL 烧杯中,加甲基橙指示剂 2~3 滴,用 1：1 氨水中和至黄色,然后加 1 mL 1：1 HCl 加热至沸腾。再按下述进行。

(4)吸取 50~100 mL 水浸提液于 150 mL 烧杯中,在水浴锅上蒸干。用 1：3 盐酸溶液 5 mL 处理残渣,再蒸干,并于 100~105 ℃烘 1 h。

(5)用 2 mL 1：3 盐酸和 10~30 mL 热蒸馏水洗涤,用致密滤纸过滤,除去二氧化硅,再用热水洗至无氯离子反应(用硝酸银检验无混浊)。

(6)滤出液在烧杯中蒸发至 30~40 mL,在不断搅动中途趁热滴加 10%氯化钡至沉淀完全。在上部清液再滴加几滴氯化钡,直至无更多沉淀生成时,再多加 2~4 mL 氯化钡。在水溶上继续加热 15~30 min,取下烧杯静置 2 h。

(7)用紧密无灰滤纸过滤,烧杯中的沉淀用热水洗 2~3 次后转入滤纸,再洗至无氯离子反应,但沉淀也不宜过多洗涤。

(8)将滤纸包移入已灼烧称恒量的坩埚中,小心烤,灰化至呈灰白色。

(9)在 600 ℃高温电炉中灼烧 15~20 mim,然后在干燥器中冷却 30 min 后称量。再将坩埚灼烧 15~20 min,称至恒量(两次称量之差小于 0.005 g)。

(10)用相同试剂和滤纸同样处理,做空白试验,测得空白质量。

5.5.5　数据处理与分析

(1)石膏含量按下式计算：

$$CaSO_4·2H_2O(\%) = \frac{(m_1 - m_0) \times 0.738 \times 2}{m_s} \times 100(1 + H) \tag{5-5}$$

式中：m_0 为空坩埚质量,g；m_1 为坩埚+$BaSO_4$ 质量,g；0.738 为将 $BaSO_4$ 换算成 $CaSO_4·2H_2O$ 的系数($CaSO_4·2H_2O/BaSO_4$)；2 为分取系数(100 mL/50 mL)；H 为以烘干基的土样吸湿水分数。

（2）本试验记录表如表 5-3 所示。

表 5-3　中溶盐成分影响试验记录

风干土样量	（g）		
土样吸湿水分数	（H）		
吸取待测液的体积	（mL）		
试验次数		1	2
空坩埚的质量	m_0（g）		
（空坩埚+$BaSO_4$）质量	m_1（g）		
$CaSO_4 \cdot 2H_2O$	（%）		
$CaSO_4 \cdot 2H_2O$ 平均值	（%）		

5.5.6　注意事项

（1）用水浸提水溶性盐时采用的水土比有多种,如 1∶1、2∶1、5∶1、10∶1 和饱和土浆浸出液等。水土比不同将影响测定结果。在选择水土比和浸提时间时,应力求将易溶性盐完全溶解出来,而尽可能不使中溶盐和难溶盐溶解。同时,要防止浸出液中的离子与土粒上吸附的离子发生交换性置换作用。

（2）水土比例、振荡时间和提取方式对盐分的溶出量都有一定的影响。试验证明,像 $Ca(HCO_3)_2$ 和 $CaSO_4$ 这样的中溶性盐和难溶性盐,随着水土比的增大和浸泡时间的延长,其溶出量逐渐增大,致使水溶性盐的分析结果产生误差。为了便于资料交流,采用国内普遍采用的水土比(5∶1)和浸提时间(3 min)。

（3）水浸提液的过滤问题是该项试验成败的关键。目前采用抽滤方法效果较好,且操作简便。当抽滤方式不能达到滤液澄清时,可采用离心机分离。

（4）因碳酸根与碳酸氢根容易互相转化,故待测液制备后应立即进行此项分析。否则,某些土类待测液的 pH 值和滴定时消耗的酸量,常因二氧化碳的逸出或吸收等原因而发生变化。

（5）残渣中如果 $CaSO_4 \cdot 2H_2O$ 或 $MgSO_4 \cdot 7H_2O$ 的含量较高时,105~110 ℃温度下不能除尽这些水合物中所含的结晶水,在称量时较难达到"恒量",遇此情况应在 180 ℃下烘干。但潮湿盐土含 $CaCl_2 \cdot 6H_2O$ 和 $MgCl_2 \cdot 6H_2O$ 的量较高,这类化合物极易吸湿、水解,即使在 180 ℃下干燥,也不能得到满意结果。遇到这样土样,可在浸出液中先加入 10 mL 2% Na_2CO_3 溶液,蒸干时即生成 NaCl、Na_2SO_4、$CaCO_3$、$MgCO_3$ 等沉淀,再在 180 ℃下烘干 2 h,即可达到"恒量",加入的 Na_2CO_3 量应从盐分总量中减去。

（6）盐分(特别是镁盐)在空气中容易吸水,故在相同的时间和条件下冷却称量。

（7）碳酸根与碳酸氢根用双指示剂中和滴定时,终点不易掌握好,特别是在滴定碳酸根时 pH 值为 8.3,此时酚酞应呈微红色。如果滴定到无色,pH 值已小于 7.7,故滴定时可以用近似浓度的纯 $NaHCO_3$ 溶液与同量的酚酞指示剂做终点对照。滴定 HCO_3^- 到等当点的 pH 值为 3.8,其终点应该是明显的橙红色,但常因溶液中剩下的 CO_2 过多,使终点变化不明显;可同时用一份水,加同量的甲基橙指示剂做对照。为了使终点变化明显,也可以改用溴甲酚绿-甲基橙混合指示剂,但终点由蓝绿色变为橙色。

5.6　难溶盐成分影响试验

碳酸盐主要为碳酸钠和重碳酸钠,其溶液呈较强的碱性,是土的天然分散剂,能减弱或破坏土粒间的结构联结,使之分散,对遗址土的工程性质产生不良的影响。

5.6.1　试验目的

针对土遗址中难溶盐碳酸盐成分,通过气量法测定碳酸钙的含量。

5.6.2　试验原理

难溶盐碳酸钙测定方法采用气量法。

5.6.3　仪器设备与材料

(1)气量法测量装置(二氧化碳约测计见图 5-1)。
(2)天平:称量 200 g,感量 0.01 g。
(3)气压计。
(4)温度计。
(5)试剂:
①1∶3 HCl:1 份 HCl 和 3 份水混合。
②0.1%甲基红指示剂。

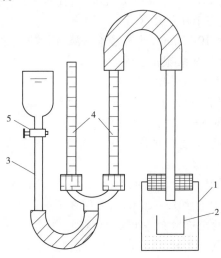

1—广口瓶;2—坩埚;3—移动管;4—量管;5—阀门

图 5-1　二氧化碳约测计

5.6.4 试验步骤

(1)安装好二氧化碳约测计,将加有微量盐酸和数滴甲基红指示剂的红色水溶液注入量管中。

(2)称取过 0.5 mm 筛、经 105~110 ℃烘干的试样 1~5 g,精确至 0.01 g,放入广口瓶中。再将盛有 1∶3 HCl 溶液的瓷坩埚也放入广口瓶中,塞紧瓶塞。打开阀门上下移动移动管,使移动管和量管三个管的水面齐平。

(3)将移动管继续下移,当量管的右边管内水面下降很快时,表示接头处漏气,应仔细检查各接头并用石蜡溶液密封至不漏气。三管水面齐平后,关闭阀门,记下量管右边管内的起始水位读数。

(4)手持长柄夹子夹住广口瓶,使坩埚中的盐酸倾出与瓶中的土样充分反应,当量管右边管内水面受到 CO_2 气体压力而下降时,打开阀门。静置 10 min,当量管右边管内水面稳定时,再移动移动管,使三管水面齐平。记下量管右边管内水面最终的水位读数。最终读数与起始读数之差即为产生的 CO_2 体积,同时记录试验时的温度和气压。

(5)重复下述操作,进行空白试验,并从试样产生的 CO_2 体积中减去空白试验值。

①洗去盐分:在 1%感量天平上称取通过 0.25 mm 的风干土样 1~10 g(含石膏 0.1~0.8 g)于离心管中,加 50 mL 70%乙醇,在 2 500~3 000 r/min 离心机中,倾去洗液,反复洗涤直到 SO_4^{2-} 反应。

②用 1 mol/L HCl 浸提:给脱盐后的土样中加 1 mol/L HCl 约 30 mL 搅动、离心,将清液倾入 100 mL 容量瓶中,反复 3 次,最后用水定容。

③沉淀 $BaSO_4$:吸取清液 30 mL,于 250 mL 烧杯中,加甲基橙指示剂 2~3 滴,用 1∶1 氨水中和至黄色,然后加 1 mL 1∶1 HCl 加热至沸。

(6)再按下述处理。

①吸取 50~100 mL 水浸提液于 150 mL 烧杯中,在水浴锅上蒸干。用 1∶3 盐酸溶液 5 mL 处理残渣,再蒸干,并在 100~105 ℃下烘干 1 h。

②用 2 mL 1∶3 盐酸和 10~30 mL 热蒸馏水洗涤,用致密滤纸过滤,除去二氧化硅,再用热水洗至无氯离子反应(用硝酸银检验无混浊)。

③滤出液在烧杯中蒸发至 30~40 mL,在不断搅动中途趁热滴加 10%氯化钡至沉淀完全。在上部清液再滴加几滴氯化钡,直至无更多沉淀生成时,再多加 2~4 mL 氯化钡。在水浴锅上继续加热 15~30 min,取下烧杯静置 2 h。

④用紧密无灰滤纸过滤,烧杯中的沉淀用热水洗 2~3 次后转入滤纸,再洗至无氯离子反应,但沉淀也不宜过多洗涤。

⑤将滤纸包移入已灼烧称恒量的坩埚中,小心烤干,灰化至呈灰白色。

⑥在 600 ℃高温电炉中灼烧 15~20 min,然后在干燥器中冷却 30 min 后称量。再灼烧 15~20 min,称至恒量(两次称量之差小于 0.000 5 g)。

⑦用相同试剂和滤纸同样处理,做空白试验,测得空白质量。

5.6.5 数据处理与分析

(1)碳酸钙含量按式(5-6)计算:

$$CaCO_3(\%) = \frac{V \times \rho \times 2.272}{m_s \times 10^6} \times 100 \tag{5-6}$$

式中:m_s 为烘干土的质量,g;V 为 CO_2 的体积,mL;ρ 为在试验的温度和气压下 CO_2 的密度,μg/mL;2.272 为由 CO_2 换算成 $CaCO_3$ 的系数;10^6 为微克与克的换算系数。

（2）碳酸盐试验记录格式如表 5-4 所示。

表 5-4　碳酸盐试验记录（气量法）

工程名称		
试验计算者		
土样编号		
校核者		
土样说明		
试验日期		
试验时的大气压力（Pa）		
试验时的温度（℃）		
试验次数	1	2
土样质量（g）		
CO_2 的体积 V（mL）		
$CaCO_3$（%）		
$CaCO_3$ 平均值（%）		

5.6.6　注意事项

为防止 CO_2 在水中溶解,装入量管的水应呈酸性。为了便于观察,水中可加入一些指示剂。水中含一定量的酸时还可以减小集气管中水蒸气分压,在计算 CO_2 时可减小误差。

第 6 章　土的微观结构测试

　　土的微观结构特征是控制土体力学性能的关键因素,而土的物质成分和结构是十分复杂的。就成分而言,既有原生的结晶矿物碎屑,又有次生的黏土矿物,要确定这些成分,就需要利用土颗粒的矿物热学性质、光学性质和 X 射线的衍射性质。目前,对于单元体及孔隙形态特征的测试方法有电子显微镜分析法和计算机图像分析法。分析遗址土及其复合材料孔隙结构参数(如孔隙率、孔径尺寸和孔径分布)时,多利用压汞试验及核磁共振测试方法。本章主要介绍热分析技术、X 射线衍射技术、扫描电子显微镜、压汞测试及核磁共振测试技术的具体试验原理及方法。

6.1　热分析技术

　　热分析技术是研究物质在加热或冷却过程中发生某些物理变化和化学变化的技术。常用的热分析方法有差(示)热分析法(DTA)、热重分析法(TGA)。在 X 射线衍射没有得到应用之前,热分析是确定黏土成分的常见方法。它的优点是设备简单、费用低;缺点是容易互相干扰、鉴别能力差。因此,在使用热分析技术确定遗址土中黏土矿物成分时,应参照其他测试成果综合判别。

6.1.1　试验目的

　　(1)通过热分析技术,测定遗址土中黏土矿物成分的组成。
　　(2)矿物组成的不同是土在不同条件下变化的一个内在因素,通过热分析技术试验判断遗址土的风化情况。
　　(3)遗址土中混合物组成的定量分析。
　　(4)确定矿物中水分存在的形式。

6.1.2　试验原理

　　热分析方法的原理是利用土遗址中黏土矿物在加热过程中发生的不同热效应,以区别各种不同的黏土矿物。在黏土矿物中除自由水外还存在着吸附水(包括层间水)和结构水(羟基以离子形式存在于晶格中)。各种黏土矿物的吸附水的含量是不同的,高岭石最少(没有层间水),蒙脱石最多,伊利石居中,这种水在 200 ℃ 左右被去除,水量少的吸热反应不明显,水量多的吸热十分明显;结构水一般在 500～1 000 ℃ 被去除,引起晶体结构的彻底破坏,各种黏土矿物脱结构水温度也不完全相同,它也可以作为鉴别的特征温度。黏土晶体结构破坏后继续加温会形成新的晶体,在温谱图上产生放热效应,也可作为识别的标志。有机物燃烧氧化、二价铁氧化为三价铁都能在温谱图上反映出来。据此温谱图也可作为鉴别的依据。常见的热分析方法有热重分析法(TGA)、差热分析法

（DTA）、差示扫描量热分析法（DSC）等。定义反映三个方面的内容：①试样要承受程序温控的作用，一般采用线性程序，也可能是温度的对数或倒数，该试样物质包括原始试样和在测量过程中因化学变化产生的中间产物和最终产物；②选择一种可观测的物理量；③观测的物理量随温度而变化。

6.1.2.1　热重分析法（TGA）原理

热重分析法简称 TGA，是在程序控制温度下，测量物质的质量与温度关系的一种技术。其工作原理如下：在加热过程中如果试样无质量变化，热天平将保持初始的平衡状态，一旦样品中有质量变化，天平就失去平衡，并立即由传感器检测并输出天平失衡信号。这一信号经测重系统放大后，用以自动改变平衡复位器中的线圈电流，使天平又回到初时的平衡状态，即天平恢复到零位。平衡复位器中的电流与样品质量的变化成正比，因此记录电流的变化就能得到试样质量在加热过程中连续变化的信息，而试样温度或炉膛温度由热电偶测定并记录。这样就可得到试样质量随温度（或时间）变化的关系曲线即热重曲线。热天平中装有阻尼器，其作用是加速天平趋向稳定。天平摆动时，就有阻尼信号产生，经放大器放大后再反馈到阻尼器中，促使天平快速停止摆动。

6.1.2.2　差热分析法（DTA）原理

差热分析法简称 DTA，是在程序控制温度下测量物质和参比物之间的温度差与温度（或时间）关系的一种技术。描述这种关系的曲线称为差热曲线或 DTA 曲线。

物质在加热或冷却过程中会发生物理或化学变化，与此同时，往往还伴随吸热或放热现象，如放热反应（氧化反应、爆炸、吸附等）或吸热反应（熔融、蒸发、脱水等）。另有一些物理变化，虽无热效应发生，但比热容等某些物理性质也会发生改变。物质发生熔变时质量不一定改变，但温度是必定会变化的。差热分析正是在物质这类性质的基础上建立起来的，从而在试样与参比物之间产生温差，且温差的大小取决于试样产生热效应的大小，由 X-Y 记录仪记录下温差随温度 T 或时间 t 变化的关系即为 DTA 曲线。

6.1.2.3　差示扫描量热分析法（DSC）原理

差示扫描量热分析法简称 DSC，是在差热分析的基础上发展起来的，因而这两种技术没有绝对的界限。

差示扫描量热分析法是在程序控制温度下，测量输入到物质和参比物的功率差与温度的关系的一种技术。按测量方法的不同分为两种类型：热流型差示扫描量热法和功率补偿型差示扫描量热法。

（1）热流型差示扫描量热法又称为定量差热分析法。感温元件由样品中改放到外面，紧靠试样和参比物，以消除试样热阻随温度的变化。

（2）功率补偿型差示扫描量热法的工作原理：样品和参比物分别具有独立的加热器和传感器，整个仪器有两条控制电路，一条用于控制温度，使样品和参照物在预定的速率下升温或降温；另一条用于控制功率补偿器，给样品补充热量或减少热量以维持样品和参比物之间的温差为零。当样品发生热效应时，如放热效应，样品温度将高于参比物，在样品与参比物之间出现温差，该温差信号被转化为温差电势，再经差热放大器放大后送入功率补偿器，使样品加热器的电流 I_s 减小，而参比物的加热器电流 I_R 增加，从而使样品温度降低，参比物温度升高，最终导致两者温差又趋于零。

6.1.3　仪器设备与材料

（1）仪器：STA449C 综合热分析仪。如图 6-1 所示。

（2）材料：坩埚、支架、热电偶、天平、试验试样等。

6.1.4　试验步骤

6.1.4.1　操作条件

（1）保持环境安静，尽量避免人员走动。

（2）保护气体：Ar、He、N_2 等。目的用于操作过程中对仪器和天平进行保护，以防止受到样品在受热时产生的毒性及腐蚀性气体的侵害。压力：0.05 MPa，流速<30 mL/min，一般为 15 mL/min，该开关始终为开启状态。

图 6-1　STA449C 综合热分析仪

（3）吹扫气体：在样品测试过程中用作气氛或反应气，一般为惰性气体，也可氧化性气体（空气、氧气等），或还原性气体（H_2、CO 等）。但对氧化性气体或还原性气体应慎重选择，还原性气体会缩短机架的使用寿命，腐蚀仪器的零部件。压力：0.05 MPa，流速<100 mL/min，一般为 20 mL/min。

（4）恒温水浴：保证天平在恒温下工作，一般调整为比环境温度高 2~3 ℃。

（5）空气泵：保证测量空间具有一定的真空度，可以反复进行，一般抽 3 次即可。

6.1.4.2　样品准备

（1）检查并核实样品及其分解产物不会与坩埚、支架、热电偶或吹扫气体进行反应。

（2）对测量所用的坩埚及参比坩埚预先进行高于测量温度的热处理，以提高测量精度。

（3）试样可以是液体、固体、粉体等形态，但须保证试样与坩埚底部的接触良好，样品适量（坩埚的 1/3 或 15 mg），以减小样品中的温度梯度，确保测量精度。

（4）对热反应激烈的试样或会产生气泡的试样，应减少用量。同时，坩埚加盖，以防飞溅，损伤仪器。

（5）用仪器内部天平称量时，需等天平稳定，即出现 mg 字样时，读数方可精确。

（6）必须在样品温度达到室温及天平稳定后才能开始测试。

6.1.4.3　开机

（1）开机过程无先后顺序。为保证仪器稳定精确地测试，STA449C 综合热分析仪的天平主机应一直处于带电开机状态，除长期不使用外，应避免频繁开关机。恒温水浴及其他仪器应至少提前 1 h 打开。

（2）开机后，首先调整保护气体及吹扫气体的输出压力和流量大小至合理值，并等其稳定。

6.1.4.4　样品的称重

（1）点击"weigh"进入称重窗口，待 TG 稳定后按"Tare"。

（2）称重窗口中的"Crucible mass"栏变为 0.000 mg。

（3）打开装置,将样品置入试样坩埚。

（4）将坩埚置入支架,关闭装置。

（5）称重窗口中将显示样品质量。

（6）待质量稳定后,按"store"将样品质量存入。

（7）点击"OK"退出称重窗口。

6.1.4.5　基线的测量

过程:打开电脑→进入 STA449C→工具栏→新建→修整编号→继续→206599→点击→206599→打开→勾上吹扫气 2 和保护气→设定升温参数:终点温度、升温速率等→结束→设定等待参数:等待温度、升温速率、最长等待时间等→点击⊕进入降温参数设定→提交→继续→保存设定→完成→进行基线测定。

6.1.4.6　样品的测试

过程:进入基线→选样品+修正→测量程序→测试完成时自动记录所测文件。导出图元文件和数据即可。

6.1.5　数据处理与分析

6.1.5.1　TGA 曲线结果分析

点击工具栏上的"mass change"按钮,进入分析状态,并在屏幕上出现两条竖线。根据一次微分曲线和 DSC（或 DTA）曲线确定出质量开始变化的起点和终点,用鼠标分别拖动该两条竖线,确定出 TGA 曲线的质量变化区间,然后点击"apply"按钮,电脑自动算出该区间质量变化率;如果试样在整个测试温度区间有多个质量变化的分区间,依次重复上述步骤进行操作,直至全部算出各个质量变化区间的质量变化率,然后点击"OK"按钮,即完成 TGA 分析。

热重分析法得到的是程序控制温度下物质质量与温度关系的曲线,即热重曲线（TGA曲线）。横坐标为温度或时间,纵坐标为质量,见图 6-2。

试样质量基本没有变化的区段 AB 称为平台;对应试样质量变化累积到热天平能检测出的温度称为起始温度,以 T_i 表示,即 B 点的温度;而回复到不再检测出质量变化的起始温度称为终止温度,以 T_f 表示,即 C 点的温度,这时累积质量变化达到最大值。T_i 和 T_f 间的温差为反应区间。当横坐标为时间时,通过所用的温度程序可将它转换成温度。

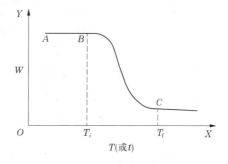

图 6-2　热重曲线

6.1.5.2　DTA 曲线或 DSC 曲线分析

1.反应开始温度分析

点击工具栏中的"onset"按钮,进入分析状态,并在屏幕上显示两条竖线。根据一次微分曲线和 DSC（或 DTA）曲线,确定出曲线开始偏离基线的点和峰值点,用鼠标分别拖动该两条竖线,至确定的两条曲线上,点击"apply"按钮,自动算出反应的开始温度,质量开始变化的起点和终点,然后点击"OK"按钮,即完成分析操作。

2.峰值温度分析

点击工具栏中的"peak"按钮,进入分析状态,并在屏幕上显示两条竖线。根据一次微分曲线和 DSC(或 DTA)曲线,确定出曲线的热反应峰点,用鼠标分别拖动该两条竖线,至曲线上峰点的两侧,确定的两条曲线上,点击"apply"按钮,自动标出峰值温度,然后点击"OK"按钮,完成操作分析。

3.热焓分析

点击工具栏中的"aera"按钮,进入分析状态,并在屏幕上显示两条竖线。根据一次微分曲线和 DSC 曲线,确定出曲线的热反应峰及其曲线开始偏离基线的点和反应结束后回到基线的点,用鼠标分别拖动该两条竖线至曲线上两个确定的点上,点击"apply"按钮,自动算出反应热焓,然后点击"OK"按钮,完成分析操作。

完成以上全部内容后,打印输出,测试分析操作结束。

曲线的上升代表着吸热反应,曲线的下降代表着正在进行放热反应,所以最开始一般要吸收热量进行反应,之后放热,当曲线的纵坐标和初始高度差不多高时,表示反应基本完成。

6.1.5.3　DTA 曲线(见图 6-3)

当试样和参比物一起等速升温时,在试样无热效应的初始阶段,它们间的温度差为于零,得到的差热曲线是近于水平的基线(T_1 至 T_2)。当试样吸热时,由于有传热阻力,在吸热变化的初始阶段,传递的热量不能满足试样变化所需的热量,这时试样温度降低。当 ΔT 达到仪器已能测出的温度时,就出现吸热峰的起点 T_2,在试样吸收的热量等于加热炉传递的热量时,曲线到达峰顶 T_{min}。当炉子传递的热量大于试样吸收的热量时,试样温度开始升高,曲线折回,直到

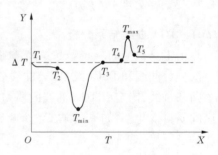

图 6-3　DTA 曲线

ΔT 不再能被测出,吸热过程结束(T_3)。反之,试样放热时,出现放热峰的起点 T_4。当释放出的热量和导出的热量相平衡时,曲线到达放热峰顶 T_{max}。当导出的热量大于释放出的热量时,曲线便开始折回,直至试样与参比物的温度差接近零,仪器测不出。此时曲线回到基线,成为放热峰的结束点(T_5)。T_1 至 T_2、T_3 至 T_4 及 T_5 以后的基线均对应着一个稳定的相或化合物。但与反应前的物质在热容等热性质上的差别使它们通常不在一条水平线上。

6.1.5.4　DSC 曲线

DTA 曲线记录的是试样与参比物之间的温度差,温差可以是正,也可以是负。DSC 曲线则要求试样与参比物温度,不论试样吸热或放热都要处于动态零位平衡状态,即 $\Delta T = 0$。这是 DSC 技术与 DTA 技术最本质的不同。而实现动态零位平衡的方法之一就是功率补偿。

6.2　X 射线衍射试验

X 射线衍射分析技术是一种十分有效的土体结构分析方法,在众多领域的研究和生产中被广泛应用。X 射线衍射分析法是研究遗址土中的物相和晶体结构的主要方法。现阶段,在遗址土的矿物成分测定中,X 射线衍射是一项矿物成分分析的基本手段,在科技的不断进步过程中,X 射线衍射仪也在持续地改进,不仅可以对物相进行定性分析,也能进行定量分析,同时能够用来分析晶粒大小、形状,还可以用来分析晶粒的残余应力、薄膜的厚度、晶粒的择优取向等。通过全谱拟合手段,也能够分析晶体自身的晶胞参数及结构。X 射线衍射分析法也是确定黏土矿物成分普遍采用的方法,其优点是能鉴别的矿物范围很广,而且对混层黏土矿物也能鉴别,还可以做组构定向度的测定。且 X 射线衍射方法具有不损伤样品、无污染、快捷、测量精度高、能得到有关晶体完整性的大量信息等优点。因此,X 射线衍射分析法作为土体结构和成分分析的一种现代科学方法,已逐步在各学科研究和生产中广泛应用。

6.2.1　试验目的

(1)通过 X 射线衍射 XRD 来分析遗址土中矿物的成分。
(2)通过 X 射线荧光光谱 XRF 准确检测遗址土中主、次量元素的含量。

6.2.2　试验原理

衍射仪由三个部分组成(见图 6-4):X 射线发生器、精密测角仪和计数器及自动记录装置。从射线管射出的 X 射线经过狭缝后射到平面形样品(SS′),通过转动测角仪将产生的次生 X 射线衍射聚集于探测器 C,转变为脉冲信号传至自动记录装置,即可绘制成射线曲线。

当某物质(晶体或非晶体)进行衍射分析时,该物质被 X 射线照射产生不同程度的衍射现象,物质组成、晶型、分子内成键方式、分子的构型、构象等决定该物质产生特有的衍射图谱。

根据布拉格定律,我们可以知道,只有在特殊的入射角度时我们才能得到衍射图像。所以,根据这一原理,我们在使用了把 X 射线和探测器放在环形导轨上的方法,把每个方向

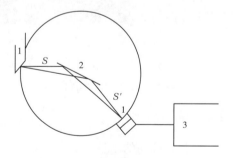

图 6-4　衍射仪工作原理示意

的结果都探测一遍,最终收集到能发生衍射的衍射峰。根据结果,推算晶面,判断晶体构型,判断元素种类。

由于 X 射线的波长与一般物质中原子的间距同数量级,因此 X 射线成为研究物质微观结构的有力工具。当 X 射线射入原子有序排列的晶体时,会发生类似于可见光入射到光栅时的衍射现象。1913 年英国科学家布拉格父子(W. H. Bragg 和 W. L. Bragg)证明了

X 射线在晶体上衍射的基本规律(见图 6-5)为

$$2d\sin\theta = \lambda n \tag{6-1}$$

式中:d 为晶面间距;θ 为掠射角;λ 为 X 射线的波长;n 为反射级数。

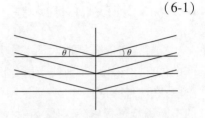

根据布拉格公式,既可以利用已知的晶体(d 已知)通过测量 θ 角来研究未知 X 射线的波长,也可以利用已知的 X 射线(λ 已知)来测量未知晶体的晶面间距。本试验利用已知的 X 射线特征谱线来测量氯化钠(NaCl)晶体的晶面间距,从而得到其晶体结构。

图 6-5　X 射线衍射示意图

衍射线空间方位与晶体结构的关系可用布拉格方程表示,布拉格方程是 X 射线衍射分析的根本依据。

6.2.3　仪器设备与材料

(1)仪器:D8 Advance X 射线衍射仪(见图 6-6)。

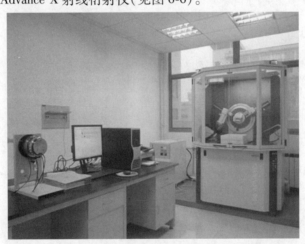

图 6-6　X 射线衍射仪

(2)数据处理软件:数据采集与处理终端与数据分析软件 MDI Jade 6。

(3)试验材料:筛子、研磨棒、试验所需的粉末状样品等。

6.2.4　试验步骤

(1)试验样品的制备。

首先,取少量被测样品放置研体中,对被测样品进行充分研磨,直到没有颗粒感。然后,把研磨的样品装于相应的样品板之中,并将其压平。在使用玻璃板压平过程中,要保证样品面和玻璃面处于同一平面。最后,将制好的样品插入样品台,准备测试。

(2)X 射线衍射仪开机与操作。

先将循环水装置开启,再开启主机的控制系统,打开计算机。然后,依照不同的测试要求,对仪器的扫描角度方式、扫描范围、扫描速度、量程等参数加以设定。在所有工作完成之后,才可以进行样品的检测工作,并获得相应的 X 射线衍射图谱。

(3)当对样品测试完成后,将测得数据保存。然后,对所得的数据进行平滑处理,同时扣除背底衍射数据(也可不进行处理),并做寻峰操作,得出所有衍射峰所具有的 2θ、d 值以及衍射强度等。

(4)X 射线衍射图谱的分析与处理。

① 先将 Jade 软件打开,将数据导入软件输入检索条件,在检索结果中和相应的 YDF 卡对比,即可检索出 X 射线衍射图谱中可能会存在的物相,通过对主相、次要相、微量相以及单峰的全面搜索和对比,得到样品所具有的物相。

② 出具试验报告,对测试的环境条件、样品参数等加以详尽记录,并列出试验所得数据,依此出具试验报告。

6.2.5　数据处理与分析

物相定性鉴定:

(1)打开 Jade,读入衍射数据文件。

(2)鼠标右键点击"S/M 工具"按钮,进入"Search/Match"对话界面。

(3)选择"Chemistry filter",进入元素限定对话框,选中样品中的元素名称,然后点击"OK"返回对话框,再点击"OK"。

(4)从物相匹配表中选中样品中存在的物相。在所选定的物相名称上双击鼠标,显示 PDF 卡片,按下"Save"按钮,保存 PDF 卡片数据。

(5)在主要相鉴定完成后,对剩余未鉴定的衍射峰值,做"Search/Match",直至全部物相鉴定出来。

(6)鼠标右键点击"打印机"图标,显示打印结果,按下"Save"按钮,输出物相鉴定结果。

(7)以同样的方法标定其他样品的物相,物相鉴定试验完成。

6.3　扫描电子显微镜试验

利用扫描电子显微镜观察矿物的微区变化,可以为分析矿物的成岩环境和历史演化提供证据;可观察黏土矿物的形态、分布、性质及共生组合,从而为分析黏土矿物的成因和地球化学背景提供依据;可分析储集岩的矿物成分、结构构造、孔隙类型及成因,对储层优劣提供评价。

6.3.1　试验目的

(1)利用扫描电子显微镜对遗址土矿物成分和晶体结构进行分析。

(2)对遗址土样品形态特征、分布和含量进行描述。

6.3.2　试验原理

扫描电子显微镜利用细聚电子束在样品表面逐点扫描,与样品相互作用产生各种物理信号,这些信号经检测器接收、放大并转换成调制信号,最后在荧光屏上显示反映样品表面各种特征的图像扫描电子显微镜具有景深大、图像立体感强、放大倍数范围大且连续可调、分辨率高、样品空间大且样品制备简单等特点,是进行样品表面研究的有效工具。

扫描电子显微镜所需的加速电压比透射电子显微镜要低得多,一般在 1~30 kV,试验时可根据被分析样品的性质适当地选择,最常用的加速电压在 20 kV 左右。扫描电子显微镜的图像放大倍数在一定范围内(几十倍到几十万倍)可以实现连续调整。放大倍数等于荧光屏上显示的图像横向长度与电子束在样品上横向扫描的实际长度之比。扫描电子显微镜的电子光学系统与透射电子显微镜有所不同,其作用仅仅是为了提供扫描电子束,作为使样品产生各种物理信号的激发源。扫描电子显微镜最常使用的是二次电子信号和背散射电子信号,前者用于显示表面形貌衬度,后者用于显示原子序数衬度。

扫描电子显微镜原理是由电子枪发射并经过聚焦的电子束在样品表面扫描,激发样品产生各种物理信号,经过检测、视频放大和信号处理,在荧光屏上获得能反映样品表面各种特征的扫描图像。扫描电子显微镜由下列五部分组成,主要作用简介如下:

(1)电子光学系统。由电子枪、电磁透镜、光阑、样品室等部件组成。为了获得较高的信号强度和扫描像,由电子枪发射的扫描电子束应具有较高的亮度和尽可能小的束斑直径。常用的电子枪有三种形式:普通热阴极三极电子枪、六硼化镧阴极电子枪和场发射电子枪。前两种属于热发射电子枪;后一种则属于冷发射电子枪,也叫场发射电子枪,其亮度最高、电子源直径最小,是高分辨本领扫描电子显微镜的理想电子源。电磁透镜的功能是把电子枪的束斑逐级聚焦缩小,因照射到样品上的电子束斑越小,其分辨率就越高。扫描电子显微镜通常有三个磁透镜,前两个是强透镜,缩小束斑,第三个透镜是弱透镜,焦距长,便于在样品室和聚光镜之间装入各种信号探测器。为了降低电子束的发散程度,每级磁透镜都装有光阑;为了消除像散,装有消像散器。样品室中有样品台和信号探测器,样品台还能使样品做平移、倾斜、转动等运动。

(2)扫描系统。扫描系统的作用是提供入射电子束在样品表面上以及阴极射线管电子束在荧光屏上的同步扫描信号。

(3)信号检测、放大系统。样品在入射电子作用下会产生各种物理信号,有二次电子、背散射电子、特征 X 射线、阴极荧光和透射电子。不同的物理信号要用不同类型的检测系统。它大致可分为三大类,即电子检测器、阴极荧光检测器和 X 射线检测器。

(4)真空系统。镜筒和样品室处于高真空下,它由机械泵和分子涡轮泵来实现。开机后先由机械泵抽真空,约 20 min 后由分子涡轮泵抽真空,约几分钟后就能达到高真空度。此时才能放试样进行测试,在放试样或更换灯丝时,阀门会将镜筒部分、电子枪室和样品室分别分隔开,这样保持镜筒部分真空不被破坏。

(5)电源系统。其由稳压、稳流及相应的安全保护电路所组成,提供扫描电子显微镜各部分所需要的电源。

6.3.3　试验仪器与材料

6.3.3.1　试样制备

扫描电子显微镜的试样要求是块体、粉末,在真空条件能保持性能稳定。若含有水分,则应先干燥。当表面有氧化层或污物时,应采用丙酮溶剂清洗干净。有的样品必须用化学试剂浸湿后才能显露显微组织的结构,如铝合金的晶界观察就需用浓度为 3%~5% 的氢氟酸 HF 浸湿 10 s 左右才能进行,而对铝基复合材料则不宜浸湿,这是由于增强体与基体的结合界面易被浸湿,从而影响界面观察。

6.3.3.2　块体试样的制备

一般块体试样的尺寸为:直径 10~15 mm,厚度约 5 mm。若是导电试样,则可直接置入样品室中的样品台上进行观察。对于不导电试样,具体制样方法如下。

1.含油样品

(1)样品洗油:含油样品需用三氯甲烷或四氯化碳抽提 24 h。

(2)选观察面:把有代表性、平整的新鲜断面作为观察面。

(3)样品清洗:用蒸馏水或超声波清洗。

(4)样品上桩:将导电胶带粘到样品桩上,再将样品粘到导电胶带上。

(5)样品干燥:自然晾干或放入 20 ℃ 干燥箱中烘干。

(6)样品除尘:用吸耳球吹掉表面灰尘。

(7)样品镀膜:在离子溅射仪中进行镀膜。

2.不含油样品

不含油样品与含油样品制备方法最大的不同是不需要进行洗油。同时,导电性较好的样品在制备时,不需要镀膜;对于其他导电性较差的不含油样品,则同样需要进行镀膜处理。

样品台一般为铜质或铝质材料制成,在试样与样品台之间贴有导电胶,一方面可固定试样,防止样品台转动或上升下降时样品滑动,影响观察;另一方面,起到释放电荷,防止电荷聚集使图像质量下降。如果是非导电体试样,则需对试样喷一层约 10 nm 后的金、铜、铝或碳膜导电层。导电层的厚度可由颜色来判定,厚度应适中,太厚,则会掩盖样品表面细节,太薄时,会使膜不均匀,局部放电,影响图像质量。

6.3.3.3　粉末试样的制备

粉末样品的制备要求是尽量在同一平面内获得分布均匀、密度适当的粉末层。在实际工作中,为了避免颗粒团聚、颗粒破碎等情况,最常用的是胶纸法,即先把两面胶纸粘贴在样品台上,然后将粉末撒在胶纸上,吹去未粘住的多余粉末即可。具体制备方法如下:用导电胶带一端粘取粉末样品,然后把粘有粉末样品的导电胶带粘贴到样品桩上,用吸耳球吹掉未粘牢的粉末颗粒即可。制备过程的难点是粉末固定的过程,在这个过程中动作要轻,以免出现样品颗粒下陷于导电胶带内而导致图像失真。对不导电的粉体,仍需喷涂导电膜处理。

6.3.3.4　样品喷金

由于试样土块非导电体,为增强试样导电性能需要对冷冻干燥好的试样进行喷金处理,且试样表面并不平整,需保证喷金时间,以此来增强土样的导电性能,保证观测到的微观图像效果清晰可靠。

6.3.3.5　样品制备

样品制备程序如图 6-7 所示。

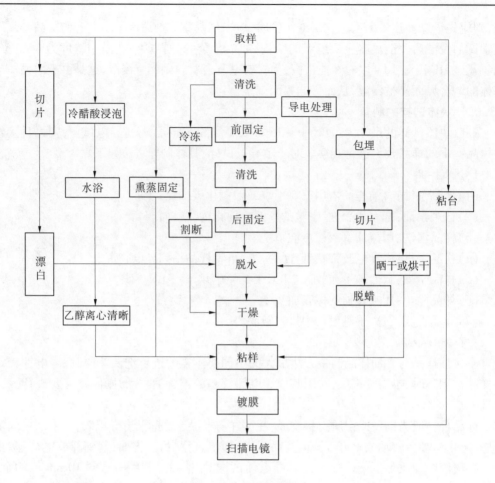

图 6-7　样品制备程序

6.3.3.6　试验仪器

试验仪器有冷冻干燥机、喷金镀膜机、德国蔡司公司生产的场发射扫描电子显微镜（FESEM），如图 6-8~图 6-10 所示。

图 6-8　冷冻干燥机

图 6-9　喷金镀膜机

图 6-10　场发射扫描电子显微镜

6.3.4　试验步骤

6.3.4.1　SEM 的启动

（1）抽真空。对热发射的钨丝电子枪要求真空度达到 1.3×10^{-3} Pa，耗时 20～30 min。指示灯亮，表明真空状态已准备好。

（2）加高压。确认达到真空状态后，可施加高压，如 20 kV，当电子束电流的指针指到相应位置，如 20 μA 时，表明电子枪已正常地施加了高压。如果指针位置不正确，应查找原因，直至正常。

（3）加电流。施加高压并正常工作后，可给电子枪灯丝施加加热电流。此时，应缓缓转动灯丝加热电流旋钮，使束流指针逐渐增至饱和值。扫描电子显微镜便处于工作状态了。

注意：在施加高压前，应预先接通电源和显示装置等的稳压电源并预热 30 min 左右使其稳定。调节 SEM 显示器（CRT）的量度与衬度旋钮，如果 CRT 上的量度变化正常，即表明仪器状态良好，可以投入工作，进行显微组织观察分析了。

6.3.4.2　电子光学系统的合轴操作

该操作一般采用电磁法，并由计算机完成操作，有时也可由人工操作完成。具体方法如下：

（1）改变聚光镜电流大小时，CRT 上的图像不变化而仅仅量度改变，表明聚光镜已对中。

（2）改变放大倍数，在 CRT 上获得一个放大 5 000 倍的试样像。

（3）改变物镜聚焦电流，CRT 上的图像位置应该不变，如果图像随聚焦旋钮转动而移动，表明还应调节对中物镜光栏。物镜光栏的对中方法如下：

①先在 CRT 上调出一个 1 000 倍的二次电子像。

②转动物镜聚焦钮使其在欠聚焦和过聚焦两种状态下变化，同时观察 CRT 上试样像某个特征形貌是否移动，如果移动，则慢慢调节物镜光栏的 x 与 y 螺旋调节钮，对中物镜光栏，直到物镜聚焦量在欠焦和过焦之间变化时，CRT 上的图像不移动而仅仅失焦。此时物镜光栏初步对中。

③将二次电子像放大倍数提高到 5 000～10 000 倍，重复上述步骤，如果图像在较高的放大倍数下不随聚焦电流的变化而变化，此时聚光镜光栏的对中基本完成。

如果物镜光栏电子光学光轴合轴不好以及光栏孔污染，均会引起像散，因此必须合轴良好，光栏干净才能获得高放大倍数、高质量的图像。

6.3.4.3　更换试样

（1）切断灯丝电流、高压、显示器和扫描系统电源。待 2 min 左右灯丝冷却后对镜筒放气。

（2）将试样移动机构回到原始位置，打开样品室，取出样品台，注意样品台及其他部件不要碰撞样品室。

（3）取下样品座，将所需样品放在样品台上，调整试样标准高度，然后将样品台放入样品室。

（4）重新对镜筒抽真空。约 5 min 后仪器可进入工作状态。

6.3.4.4　二次电子像的观察与分析

通常采用二次电子进行成像分析。在探测器收集极的正电位作用下（250~500 V），二次电子被吸进收集极，然后被带有 10 kV 加速电压的加速极加速，打到闪烁体上产生光信号，经光导管输送到光电倍增管，光信号又转化为电信号并经放大后输送到显示系统，调制显像管栅极，从而显示反映试样表面特征的二次电子像。

为了获得高质量的图像，应合理选择以下参数：

（1）高压值的选择。二次电子像的分辨率随加速电压增加而提高。加速电压越高，分辨率越高，荷电效应越大，污染的影响越小，外界干扰越小，像质衬度越大。一般原子序数较小的试样，选用较低的加速电压，防止电子束对试样穿透过深和荷电效应。

（2）聚光镜电流的选择。在高压和光栏固定的情况下，调节聚光镜电流，可改变电子束流的大小。聚光镜激磁电流越大，电子束流越小，束斑直径也越小，从而提高分辨率，但因束流减小，会使二次电子的产额减少，图像变得粗糙，噪声增大。

（3）末级（物镜）光栏的选择。光栏孔径与景深、分辨率及试样照射电流有关。光栏孔径越大，景深越小，分辨率越低，试样照射电流越大，反之亦然。通常选择 300 μm 和 200 μm 的光栏。

（4）工作距离和试样倾角的选择。工作距离是指物镜（聚光镜）的下极靴端面距样品表面的距离。通常由微动装置的 z 轴调节。工作距离小，分辨率高，反之亦然。通常为 10~15 mm，高的分辨率时采用 5 mm，为了加大景深，可增加工作距离至 30 mm。二次电子像衬度与电子束的入射角（入射束方向与样品表面的法线方向的夹角）有关，入射角越大，气二次电子的产额会越大，像衬度越高。因此，平坦试样通常需加大入射角以提高像衬度。

（5）聚焦与像散校正。通过聚焦调节钮进行聚焦。由于扫描电子显微镜的景深较大，通常在高倍下聚焦，低倍下观察。当电子通道污染时，会产生像散，即在过焦和欠焦时图像细节在互为 90°的方向上拉长，须用消像散器校正。

（6）放大倍数的选择。根据实际观察时的具体细节而定。

（7）亮度与对比度的选择。亮度通过调节前置放大器的输入信号的电平来进行的。对比度则是通过光电倍增管的高压改变输出信号的强弱来进行的。平坦试样应增加对比度，如果图像明暗对比已十分严重，应加大灰度，使明暗对比适中。

6.3.4.5　图像记录

通过反复调节，获得满意的图像后即可进行照相记录。照相时，应适当降低增益，并将图像的亮度和对比度调整到适当的范围内，以获得背景适中、层次丰富、立体感强且柔和的照片。

6.3.4.6　关机

按开机的逆程序进行。注意：关断扩散泵电源约 30 min 后再关机械泵的电源。

6.3.5　数据处理与分析

微观结构图像处理采用 IPP（Image-Pro Plus）软件。图像处理就是尽可能减少甚至排除干扰图像信息提取的因素，改善图像的视觉效果，提高图像的对比度与清晰度，使其具有分析意义。微结构图像处理分为三个步骤：图像预处理、图像分割及图像参数测取。图像预处理是对图像去噪、图像增强等；图像分割是基于灰度图像不连续性和相似性的性质对微结构图像进行二值化处理。图像参数测取是基于 IPP 软件计数和尺寸测量功能测取出孔隙微结构的量化信息。

利用图像处理软件提取土样 SEM 图像中存储的微观结构信息，如孔隙和土颗粒的数量、面积、周长及角度等几何信息，以分别讨论经历不同次数干湿循环后滑带土样的孔隙等效直径、颗粒圆形度及颗粒分形维数等微观特征参数的变化。

6.3.5.1　图像预处理

目前，关于图像噪声过滤的方法较多，如邻域平均法、中值滤波、空间相关滤波、小波域阈值滤波等。中值滤波是其中比较常用的方法，通过将整个邻域像素强度的中值赋给其中心像素点来实现。虽然中值滤波也会使图像变得柔和，但是它将保留对象的边缘，目的只是去除干扰，而不是刻意让图像模糊，这种方法对滤除脉冲干扰和图像扫描噪声都很有效，这种方法能较好地保留图像的细节信息。

6.3.5.2　图像分割

土体 ESEM 图像是 8 位灰度图像，图像分割主要是基于灰度直方图的阈值分割，通过阈值处理，将研究对象和背景分离，获得二值图像，进而提取感兴趣对象的重要特征，所以，阈值的合理选择对于图像的分割具有重要作用。

图像的灰度分布范围均可以由直方图表示，主要有单峰直方图、双峰直方图和多峰直方图三种。对于双峰直方图，谷底的灰度值就作为阈值，传统的阈值分割法都能取得比较满意的效果，而对于单峰直方图和多峰直方图，均缺乏有效的分割方法。鉴于此，结合软件特点，采用手动设定阈值，通过对比原图像和阈值范围内二值图像确定阈值，这也是最有效和简单的方法，如图 6-11 所示。

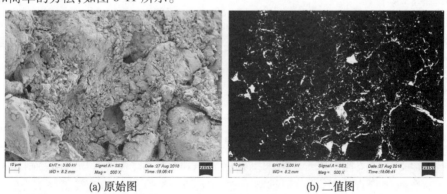

(a) 原始图　　　　　　　　　　　　(b) 二值图

图 6-11　原始图与二值图对比

6.3.5.3　微观结构参数分析

研究土体的微观结构，最重要的是研究其孔隙特征。为能全面表征孔隙的几何形态特征和排列特征，选取面积(S)、周长(P)、平均直径(D)、平面形状(C)、分形维数(F)作为形态特征参数，选取角度(A)和概率熵 H_n 作为排列特征参数。

1.孔隙等效直径

定义孔隙等效直径来表示孔隙大小,即与孔隙面积 S 相等的圆的直径为等效直径 d,其计算公式为

$$d = \sqrt{\frac{4S}{\pi}} \tag{6-2}$$

2.颗粒定向圆形度

定义平均圆形度 R 来描述不同次数干湿循环作用下土颗粒形状的变化,平均圆形度的计算公式如下:

$$R = \frac{1}{n}\sum_{i=1}^{1}\frac{4\pi S_i}{L_i^2} \tag{6-3}$$

式中:n 为颗粒数量;S 为颗粒面积;L 为颗粒的周长。

圆形度 R 的取值区间为$(0,1)$,R 值越大,代表颗粒越接近于圆形。

3.颗粒分形维数

分形维数反映了对象占有空间的有效性,是复杂对象不规则性的量度。计算分形维数的方法很多,如盒计数法、面积—体积法及周长—面积法等多种方法,选用当前最为广泛的面积—周长法计算分形维数,计算公式如下:

$$\lg L_i = \frac{D}{2}\lg S_i + C \tag{6-4}$$

式中:L 为颗粒等效周长;S 为颗粒面积;D 为分形维数;C 为常数。

分形维数 D 主要表征的是颗粒微观界面的粗糙程度,分形维数越大,颗粒界面的粗糙程度越低;反之,粗糙程度则越高。

4.三维孔隙率

孔隙率是描述土体孔隙特征的重要微观参数。传统微观图像孔隙率是通过测量分割后的图像得到的,这种方法受阈值影响较大,难以保证测量结果的准确性。基于灰度计算土体的三维孔隙率,其计算公式如下:

$$v = \sum_{i=1}^{N} S(M - D_i)/(SMN) \tag{6-5}$$

式中:S 为每一个像素的面积;M 为图像灰度的最大值;N 为图像像素的总个数;D_i 为第 i 个像素对应的灰度值。

通过提取 SEM 图像中每个土颗粒结构的面积和等效周长,将这些数据绘制在双对数坐标中,对数据进行直线拟合,分形维数 D 数值上等于拟合得到的直线斜率 K 的 2 倍,即 $D = 2K$。

6.4 压汞试验

土体在受力条件下产生的变形是结构联结、颗粒和孔隙等要素变形的综合结果,孔隙的变化是结构要发生变形的重要体现。孔隙特征参数是土微观结构定量分析的一个重要依据,孔隙分布的变化可直接反映土体的形变情况,在工程上就是直接反映土体沉降的内

在因素。扫描电子显微镜(SEM)试验和压汞(MIP)试验是土的微孔隙研究中使用最广泛的手段,上一节我们重点讲解了通过 SEM 图像对土的微结构进行分析的过程,本节主要介绍压汞的具体方法及步骤。

6.4.1　试验目的

(1)利用压汞法分析土体微观孔隙分布和孔隙结构。
(2)利用压汞法确定土体的孔径、孔隙率等参数。

6.4.2　试验原理

6.4.2.1　压汞法的测试原理

压汞法的原理是基于汞对一般固体不润湿的特点,界面张力抵抗其进入孔隙中,欲使汞进入孔隙则必须施加外部压力。在压汞法测试孔隙过程中,低压下,汞仅被压入块体间的微裂隙,而在高压下,汞才被压入微孔隙。其界面张力是沿着孔壁圆周起作用的,为了克服汞和固体之间的内表面张力,在汞充填尺寸为 r 的孔隙之前,必须施加压力 $P(r)$。利用该原理可得到施加的压力与圆柱形孔隙半径的关系,对圆柱形孔隙,$P(r)$ 和 r 的关系满足著名的 Washburn 公式,即

$$P(r) = (2\sigma\cos\theta/r) \times 10 \tag{6-6}$$

式中:$P(r)$ 为外加压力,MPa;r 为试样孔隙半径,nm;σ 为金属汞表面张力,试验中取 0.485 N/m;θ 为金属汞与固体表面接触角,$\theta = 140°$。

6.4.2.2　压汞仪工作原理

通过加压使汞进入固体中,进入固体孔中的孔体积增量所需的能量等于外力所做的功,即等于处于相同热力学条件下的汞−固界面下的表面自由能。而之所以选择汞作为试验液体,是根据固体界面行为的研究结论,当接触角大于 90°时,固体不会被液体润湿。同时研究得知,汞的接触角是 117°,故除非提供外加压力,否则混凝土不会被汞润湿,不会发生毛细管渗透现象。因此,要把汞压入毛细孔,必须对汞施加一定的压力克服毛细孔的阻力。通过试验得到一系列压力 P 和得到相对应的汞浸入体积 V,提供了孔尺寸分布计算的基本数据,采用圆柱孔模型,根据压力与电容的变化关系计算孔体积及比表面积,依据华西堡方程计算孔径分布。压汞试验得到的比较直接的结果是不同孔径范围所对应的孔隙量,进一步计算得到总孔隙率、临界孔径(临界孔径对应于汞体积屈服的末端点压力。其理论基础为,材料由不同尺寸的孔隙组成,较大的孔隙之间由较小的孔隙连通,临界孔是能将较大的孔隙连通起来的各孔的最大孔级。根据临界孔径的概念,该表征参数可反映孔隙的连通性和渗透路径的曲折性)、平均孔径、最可几孔径(出现概率最大的孔径)及孔结构参数等。

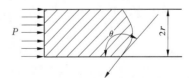

图 6-12　毛细孔中汞受力情况

若欲使毛细孔中的汞保持平衡位置,必须使外界所施加的总压力 P 同毛细孔中汞的表面张力产生的阻力 P_1 相等(见图 6-12),根据平衡条件,可得公式:

$$P = \pi r^2 p = P_s - 2\pi r\sigma\cos\theta \tag{6-7}$$

式中:p 为给汞施加的压力,N/mm^2;σ 为表面张力,N/mm^2;P 为外界施加给汞的总压力,N;P_s 为由汞表面张力而引起的毛细孔壁对汞的压力,N。

只有当施加的外力 $P \geq P_s$ 时,汞才可进入毛细孔,从而得到施加压力和孔径之间的关系式,即 Washburn 公式:

$$\pi r^2 p = -4\pi d\gamma\cos\theta \tag{6-8}$$

式中:d 为等效孔径,mm;p 为压汞的压强,MPa;γ 为汞的表面张力系数,mN/m;θ 为汞与多孔材料的接触角。

式(6-8)中:πd 为等效孔截面圆周长;$\pi d\cos\theta$ 为汞在孔中由于表面张力产生的"毛细力",此力为汞进入孔中所受的阻力;πr^2 是等效孔横截面的圆面积;$\pi r^2 p$ 是对汞施加的压力。从微分观点看,当压力与"毛细力"平衡时,汞即被压入对应孔。

6.4.3　试验仪器与材料

PoreMaster-33 全自动压汞仪(见图 6-13)、天平、脱脂棉、镊子、汞、液氮、硫黄、酒精。

图 6-13　全自动压汞仪

PoreMaster-33 全自动压汞仪主要技术指标:孔分布测定范围为 0.006 4~950 μm;从真空到 33 000 psia 可连续或步进加压。

样品形状:粉状、片状或多孔固体。本试验中采用块状,避开骨料及直接敲击部分,50 ℃干燥 6 h。

6.4.4　试验步骤

(1)样品及测试条件。

采用美国 PoreMaster-33 全自动压汞仪,仪器工作压力 0.003 5~206.843 MPa,分辨率为 0.1 mm^3,粉末膨胀仪容积为 5.166 9 cm^3,测定下限为孔隙直径 7.2 nm,计算机程控点式测量,其中高压段(0.165 5 MPa$\leq p \leq$206.843 MPa)选取压力点 36 个,每点稳定时间 2 s,每个样品的测试量为 3 g 左右。

手选纯净的试样,统一破碎至 2 mm 左右,尽可能地消除样品中矿物杂质及人为裂隙和构造裂隙对测定结果的影响。上机前将样品置于烘箱中,在 70~80 ℃的条件下恒温干燥 12 h,然后装入膨胀仪中抽真空至 $p<6.67$ Pa 时进行测试,测出各孔径段比孔容和比表面积。

（2）样品制备。

去除样品表面,敲为尺寸均匀的小块,浸入无水乙醇中,在短时间内进行测试。测试前将样品在 90 ℃以下烘箱内烘 4~5 h 以上,若有真空加热干燥箱则更佳。同一批试验样品应保持同一烘干时间,以有可比性。

（3）开启气瓶,保持压力 0.3 MPa 左右,并开启风机。打开电脑,检查液氮及汞量是否充足。

（4）将试样称重,并记录。精确到 0.01 g。

（5）将样品装入样品管,并密封膨胀节。

（6）将样品管装入低压站,开启系统;给样品取文件名,并选择存在路径输入样品重量,并选择膨胀节属性;输入膨胀节重量,并输入汞密度;点击"OK",开始低压测试。

（7）低压完成后,取出膨胀节,去除有机套环,观察膨胀节杆部是否充满汞。

（8）低压试验结束后,将样品管取出,装入高压站。

（9）高压试验结束后,合并低压及高压数据,并保存数据。

（10）试验结束,将样品管中的废液倒出,用酒精清理样品管,备用。

（11）关闭电脑、风机及气瓶。

6.4.5　数据处理与分析

6.4.5.1　颗粒尺寸分布

注汞曲线能产生颗粒之间的孔的有关信息,一些研究者因此设想注汞曲线还应包含颗粒本身结构尺寸的信息。在该领域已有两个能被接受的专业理论:Mayer 和 Stowe 的简单的汞破坏理论、Smith 和 Stermer 的集合—修补法,这两种方法介绍如下。

1.Mayer 和 Stowe(MS)理论

Mayer 和 Stowe 对汞侵入规则球体的基体的行为做了细致的研究。它们假定穿透压力 P_b 迫使汞侵入密实的直径为 D 的球体所需的压力由下式决定:

$$P_b = \frac{k\gamma}{D} \tag{6-9}$$

式中:k 为 MS 比例常数;γ 为汞的表面张力。

MS 比例常数 k 是无量纲数,它是一个与颗粒的接触角和规则情况有关的复杂函数。用颗粒内的孔隙率作为堆积情况的一个量度。可以看出,对于随意堆放的球($a=37.5\%$),设汞的接触角为 $140°$,$k=10.73$,通常,k 随接触角的增大而增大,随 a 的增大而减小,平均颗粒的配位数(N_c)可通过下式估算出来:

$$N_c = \frac{\pi}{1 - \dfrac{\rho_{Hg}}{\rho_{He}}} \tag{6-10}$$

式中:ρ_{Hg} 为样品颗粒的堆积密度;ρ_{He} 为氦膨胀法真密度。

MS 理论的合理性已经用试验做了检验,用 X 射线沉积和电子显微镜这样的特殊的方法来定量地比较颗粒粒径分布。对于很窄的单一类型颗粒粒径分布的固体和颗粒间隙相对很少的物质,不同的技术得出了一致的发现。颗粒外形一般被认为对结果起着较小

的作用,尽管无量纲的注汞/退汞颗粒外形系数小,偶尔也被引入到 MS 理论表达式中:

$$P_b = \frac{f_k}{D} \tag{6-11}$$

　　2.Smith 和 Stermer 理论

　　在应用 Mayer 和 Stowe 的方法时,Smith 和 Stermer 观察到即使对较窄的孔径分布,注汞曲线通常也看不出特有的穿透压力,这些失常归因于一定粒径的颗粒不是堆积在粉体基体的不同区域(不同粒径的颗粒是混在一起的),Smith 和 Stermer 归纳扩大了 Mayer 和 Stowe 方法,通过假设汞在任一压力 p_i 下侵入不同尺寸的颗粒基体时的总体积 V_i 是侵入每一个粒径 D 的两个颗粒之间体积和,得到如下公式:

$$V_i = \int K(p_i D) \, F(D) \, dD \tag{6-12}$$

式中:$K(p_i D)$ 为影响函数,表达的是汞侵入两个粒径为 D 的粒径间隙时的情形;$F(D)$ 为粒径分布函数,用试验的 $p_i V_i$ 值和一个归纳的影响函数,Smith 和 Stermer 采用了许多方法求解上述公式中的 $F(D)$,他们的大量方法把希望中的粒径范围分成不连续的间隔,在其中的分布函数 $F(D_j)$(平均孔径为 D_j)可以由下式求得:

$$V_i = \sum K(p_i D_j) \, F(D_j) \, \Delta p_j \tag{6-13}$$

　　用 MS 法和 SS 法预测粒径分布已经成功地应用于大量不同的物质上,粒径尺寸的排布由 X 光沉降仪(Microscan Ⅱ),激光衍射仪(CILAS1064),用 MS 法和 SS 法对于这个参考物质表现出相当好的测量性能。

6.4.5.2　颗粒间和颗粒内的孔隙率

　　孔隙率的定义为孔隙的体积与多孔材料表观体积的比值。压汞法中孔隙率即最大压力时对应的注入汞的体积除以试样的体积。总孔隙率(ε)常常是从汞密度(ρ_{Hg})和氦密度(ρ_{He})估计出来的:

$$\varepsilon = 100 \times \left(1 - \frac{\rho_{Hg}}{\rho_{He}}\right) \tag{6-14}$$

　　这个定义考虑到所有小于能常压充入汞的孔(在标准压力下,直径大约 14.5 μm),同时氦能测出的孔(直径大于 3Å 左右的开孔),它们的总体积(V_p)是:

$$V_p = \frac{1}{\rho_{Hg}} - \frac{1}{\rho_{He}} \tag{6-15}$$

　　在粉体中,内孔空间(颗粒内)和孔间隙空间(颗粒间)合起来是总的孔隙率。内部孔和颗粒间的空隙的界限常常是不清楚的。事实上,一些物质具有同量级的颗粒内孔和间孔,在这种情况下,要在它们之间划定一个界限是十分困难的,但是往往由于孔间部分大过孔内的部分而使界限很分明,因此常常观察到双峰分布。在这种情况下,边界就可定义为累积注汞体积曲线的拐点,另外,孔间的体积与样品基体的堆积性质相关的情况也值得注意,因为疏松的基体将产生与夯实的基体不同的孔间体积,但后者的结果比前者重现性要好得多。

　　为区别粉状体中不同类型的孔隙率,可以用下面的公式:

$$颗粒间孔隙率(\%) = 100 \times \frac{V_a}{V_b} \qquad (6\text{-}16)$$

$$颗粒内孔隙率(\%) = 100 \times \frac{V_a - V_b}{V_c - V_b} \qquad (6\text{-}17)$$

$$汞侵入孔隙率(\%) = 100 \times \frac{V_a}{V_c} \qquad (6\text{-}18)$$

式中:V_a 为在一个给定压力下的注汞体积;V_b 为在用户定义的内孔填充压力极限(通常在注汞曲线的高压和低压的停滞台阶的拐点);V_c 为在最大试验压力下得到的注汞体积。

6.4.6　注意事项

(1)汞是化学实验室的常用物质,毒性很大,且进入体内不易排出,形成积累性中毒。

(2)分析的样品要经过干燥处理,表面要清洗。

(3)接触角建议使用实测值。

(4)取样要具有代表性,取其中间孔隙比较均匀的部分。

(5)试验用汞一定要纯净,加压介质要纯净。

(6)汞不能直接露于空气中,其上应加水或其他液体覆盖。

(7)任何剩余量的汞均不能倒入下水槽中。

(8)储汞容器必须是结实的厚壁器皿,且器皿应放在瓷盘上。

(9)装汞的容器应远离热源。

(10)汞掉在地上、台面或水槽中,应尽可能用吸管将汞珠收集起来,再用能形成汞齐的金属片(Zn、Cu、Sn 等)在汞溅处多次扫过,最后用硫黄粉覆盖。

6.5　核磁共振试验

核磁共振测试是定量研究土体微观孔隙结构的重要手段,核磁共振技术因可测试得到各类岩土的 T_2(横向弛豫时间)分布曲线,间接反映土样的孔隙特征,具有测试速度快、土样无损伤、试样体积样本大及制样过程扰动小等优势,在岩土工程领域得到了推广和应用,效果较好。

6.5.1　试验目的

(1)测试各类岩土的横向弛豫时间分布曲线。

(2)测定土体中吸附水的含量,进而分析吸附水随温度的变化规律。

6.5.2　试验原理

6.5.2.1　核磁共振原理

核磁共振是通过交变磁场与物质内原子核相互作用而形成的一种物理现象。该现象最先由哈佛大学的 Pucrell 和斯坦福大学的 Bloch 各自独立发现。根据磁场强度的高低不同,核磁共振系统可分为低场系统(磁场强度<0.5 T)、中场系统(磁场强度 0.5~1.0 T)和

高场系统(磁场强度>1.0 T)。相对于高场核磁共振仪器用于分析化学结构,低场核磁共振系统可以分析样品内部水的相态和分布情况,从而确定土体内部孔隙结构的分布特征。

弛豫是核磁共振中极其重要的一个物理量。弛豫指宏观磁化矢量发生偏转,失去平衡,当射频停止后质子群从非平衡态恢复到平衡状态的过程。质子群从非平衡态恢复到平衡态的过程中,核磁信号开始自由衰减,此过程中核磁信号随时间的变化曲线简称为FID线。弛豫速度的大小由土体物性和流体特征决定,对于同一种流体,弛豫速度只取决于土体物性。标识弛豫速度大小的常数称为弛豫时间。该曲线包含了大量有关孔隙介质中水分含量与分布的信息。

6.5.2.2　核磁共振的经典力学描述

1.单个核的拉摩尔进动

我们知道,如果陀螺不旋转,当它的轴线偏离竖直方向时,在重力作用下,陀螺就会倒下来。但是如果陀螺本身做自转运动,它就不会倒下而绕着重力方向做进动,如图 6-14所示。

由于原子核具有自旋和磁矩,所以它在外磁场中的行为同陀螺在重力场中的行为是完全一样的。设核的角动量为 $\vec{P}$,磁矩为 $\vec{\mu}$,外磁场为 $\vec{B}$,由经典理论可知

$$\frac{d\vec{P}}{dt} = \vec{\mu} \times \vec{B}$$

由于 $\vec{\mu} = \gamma \cdot \vec{P}$,所以有

$$\frac{d\vec{\mu}}{dt} = \lambda \cdot \vec{\mu} \times \vec{B} \qquad (6\text{-}19)$$

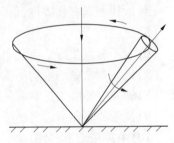

图 6-14　陀螺的进动

写成分量的形式则为

$$\begin{cases} \dfrac{d\mu_x}{dt} = \gamma \cdot (\mu_y B_z - \mu_z B_y) \\[2mm] \dfrac{d\mu_y}{dt} = \gamma \cdot (\mu_z B_x - \mu_x B_z) \\[2mm] \dfrac{d\mu_z}{dt} = \gamma \cdot (\mu_x B_y - \mu_y B_x) \end{cases} \qquad (6\text{-}20)$$

若设稳恒磁场为 $\vec{B}_0$,且 z 轴沿 $\vec{B}_0$ 方向,即 $B_x = B_y = 0, B_z = B_0$,则式(6-20)将变为

$$\begin{cases} \dfrac{d\mu_x}{dt} = \gamma \cdot \mu_y B_0 \\[2mm] \dfrac{d\mu_y}{dt} = -\gamma \cdot \mu_x B_0 \\[2mm] \dfrac{d\mu_z}{dt} = 0 \end{cases} \qquad (6\text{-}21)$$

由此可见,磁矩分量 μ_z 是一个常数,即磁矩 $\vec{\mu}$ 在 $\vec{B}_0$ 方向上的投影将保持不变。将式(6-21)的第一式对 t 求导,并把第二式代入有

$$\frac{d^2\mu_x}{dt^2} = \gamma \cdot B_0 \frac{d\mu_y}{dt} = -\gamma^2 B_0^2 \mu_x$$

或

$$\frac{d^2\mu_x}{dt^2} + \gamma^2 B_0^2 \mu_x = 0 \tag{6-22}$$

这是一个简谐运动方程,其解为 $\mu_x = A\cos(\gamma \cdot B_0 t + \varphi)$,由式(6-21)第一式得到

$$\mu_y = \frac{1}{\gamma \cdot B_0}\frac{d\mu_x}{dt} = -\frac{1}{\gamma \cdot B_0}\gamma \cdot B_0 A\sin(\gamma \cdot B_0 t + \varphi) = -A\sin(\gamma \cdot B_0 t + \varphi) \tag{6-23}$$

以 $\omega_0 = \gamma \cdot B_0$ 代入,有

$$\begin{cases} \mu_x = A\cos(\omega_0 t + \varphi) \\ \mu_y = -A\sin(\omega_0 t + \varphi) \\ \mu_L = \sqrt{(\mu_x + \mu_y)^2} = A = 常数 \end{cases} \tag{6-24}$$

由此可知,核磁矩 $\vec{\mu}$ 在稳恒磁场中的运动特点是:

(1)它围绕外磁场 $\vec{B}_0$ 做进动,进动的角频率为 $\omega_0 = \gamma \cdot B_0$,和 $\vec{\mu}$ 与 $\vec{B}_0$ 之间的夹角 θ 无关。

(2)它在 xOy 平面上的投影 μ_L 是常数。

(3)它在外磁场 $\vec{B}_0$ 方向上的投影 μ_z 为常数。

(4)其运动图像如图 6-15 所示。

现在来研究如果在与 $\vec{B}_0$ 垂直的方向上加一个旋转磁场 $\vec{B}_1$,且 $B_1 << B_0$,会出现什么情况。如果这时再在垂直于 $\vec{B}_0$ 的平面内加上一个弱的旋转磁场 $\vec{B}_1$,$\vec{B}_1$ 的角频率和转动方向与磁矩 $\vec{\mu}$ 的进动角频率和进动方向都相同,如图 6-16 所示。这时,核磁矩 $\vec{\mu}$ 除受到 $\vec{B}_0$ 的作用外,还要受到旋转磁场 $\vec{B}_1$ 的影响。也就是说,$\vec{\mu}$ 除要围绕 $\vec{B}_0$ 进动外,还要绕 $\vec{B}_1$ 进动。所以,$\vec{\mu}$ 与 $\vec{B}_0$ 之间的夹角 θ 将发生变化。由核磁矩的势能

$$E = -\vec{\mu} \cdot \vec{B} = -\mu \cdot B_0 \cos\theta \tag{6-25}$$

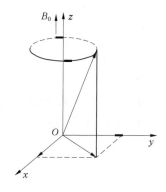

图 6-15　磁矩在外磁场中的进动

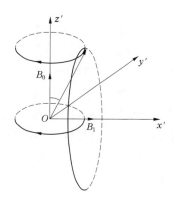

图 6-16　转动坐标系中的磁矩

可知,θ 的变化意味着核的能量状态变化。当 θ 值增加时,核要从旋转磁场 $\vec{B_1}$ 中吸收能量,这就是核磁共振。产生共振的条件为

$$\omega = \omega_0 = \gamma \cdot B_0 \qquad (6\text{-}26)$$

这一结论与量子力学得出的结论完全一致。

如果旋转磁场 $\vec{B_1}$ 的转动角频率 ω 与核磁矩 μ 的进动角频率 ω_0 不相等,即 $\omega \neq \omega_0$,则角度 θ 的变化不显著。平均来说,θ 角的变化为零。原子核没有吸收磁场的能量,因此就观察不到核磁共振信号。

2.布洛赫方程

上面讨论的是单个核的核磁共振。但我们在试验中研究的样品不是单个核磁矩,而是由这些磁矩构成的磁化强度矢量 $\vec{M}$。另外,我们研究的系统并不是孤立的,而是与周围物质有一定的相互作用。只有全面考虑了这些问题,才能建立起核磁共振的理论。

因为磁化强度矢量 $\vec{M}$ 是单位体积内核磁矩 $\vec{\mu}$ 的矢量和,所以有

$$\frac{\mathrm{d}\vec{M}}{\mathrm{d}t} = \gamma \cdot (\vec{M} \times \vec{B}) \qquad (6\text{-}27)$$

式(6-27)表明磁化强度矢量 $\vec{M}$ 围绕着外磁场 $\vec{B_0}$ 做进动,进动的角频率 $\omega = \gamma \cdot B$。现在假定外磁场 $\vec{B_0}$ 沿着 z 轴方向,再沿着 x 轴方向加上一射频场

$$\vec{B_1} = 2B_1\cos(\omega \cdot t)\vec{e_x} \qquad (6\text{-}28)$$

式中:$\vec{e_x}$ 为 x 轴上的单位矢量;$2B_1$ 为振幅。

该线偏振场可以看作是左旋圆偏振场和右旋圆偏振场的叠加,如图 6-17 所示。在这两个圆偏振场中,只有当圆偏振场的旋转方向与进动方向相同时才起作用。所以,对于 γ 为正的系统,起作用的是顺时针方向的圆偏振场,即

$$M_z = M_0 = \chi_0 H_0 = \chi_0 B_0/\mu_0 \qquad (6\text{-}29)$$

式中:χ_0 为静磁化率;μ_0 为真空中的磁导率;M_0 为自旋系统与晶格达到热平衡时自旋系统的磁化强度。

原子核系统吸收了射频场能量之后,处于高能态的粒子数目增多,亦使得 $M_z < M_0$,偏离了热平衡状态。由于自旋与晶格的相互作用,晶格将吸收核的能量,使原子核跃迁到低能态而向热平衡过渡。

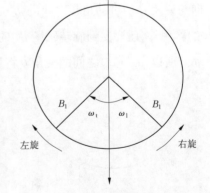

图 6-17　线偏振磁场分解为圆偏振磁场

表示这个过渡的特征时间称为纵向弛豫时间,用 T_1 表示(它反映了沿外磁场方向上磁化强度矢量 M_z 恢复到平衡值 M_0 所需时间的大小)。考虑了纵向弛豫作用后,假定 M_z 向平衡值 M_0 过渡的速度与 M_z 偏离 M_0 的程度(M_0-M_z)成正比,即有

$$\frac{\mathrm{d}M_z}{\mathrm{d}t} = -\frac{M_z - M_0}{T_1} \qquad (6\text{-}30)$$

此外,自旋与自旋之间也存在相互作用,M 的横向分量也要由非平衡态时的 M_x 和 M_y 向平衡态时的值 $M_x = M_y = 0$ 过渡,表征这个过程的特征时间为横向弛豫时间,用 T_2 表示。与 M_z 类似,可以假定:

$$\begin{cases} \dfrac{\mathrm{d}M_x}{\mathrm{d}t} = \dfrac{M_x}{T_2} \\[2mm] \dfrac{\mathrm{d}M_y}{\mathrm{d}t} = -\dfrac{M_y}{T_2} \end{cases} \tag{6-31}$$

前面分别分析了外磁场和弛豫过程对核磁化强度矢量 $\vec{M}$ 的作用。当上述两种作用同时存在时,描述核磁共振现象的基本运动方程为

$$\frac{\mathrm{d}\vec{M}}{\mathrm{d}t} = \gamma \cdot (\vec{M} \times \vec{B}) - \frac{1}{T_2}(M_x \vec{i} + M_y \vec{j}) - \frac{M_z - M_0}{T_1} \cdot \vec{k} \tag{6-32}$$

该方程称为布洛赫方程。式中:$\vec{i}$,$\vec{j}$,$\vec{k}$ 分别是 x,y,z 方向上的单位矢量。

值得注意的是,式中 $\vec{B}$ 是外磁场 $\vec{B_0}$ 与线偏振场 $\vec{B_1}$ 的叠加。其中,$\vec{B_0} = B_0 \vec{k}$,$\vec{B_1} = B_1 \cos\omega t\, \vec{i} - B_1 \sin\omega t\, \vec{j}$,$\vec{M} \times \vec{B}$ 的 3 个分量是

$$\begin{cases} (M_y B_0 + M_z B_1 \sin\omega t)\,\vec{i} \\[1mm] (M_z B_1 \cos\omega t - M_x B_0)\,\vec{j} \\[1mm] (-M_x B_1 \sin\omega t - M_y B_1 \cos\omega t)\,\vec{k} \end{cases} \tag{6-33}$$

这样布洛赫方程写成分量形式即为

$$\begin{cases} \dfrac{\mathrm{d}M_x}{\mathrm{d}t} = \gamma \cdot (M_y B_0 + M_z B_1 \sin\omega t) - \dfrac{M_x}{T_2} \\[2mm] \dfrac{\mathrm{d}M_y}{\mathrm{d}t} = \gamma \cdot (M_z B_1 \cos\omega t - M_x B_0) - \dfrac{M_y}{T_2} \\[2mm] \dfrac{\mathrm{d}M_z}{\mathrm{d}t} = -\gamma \cdot (M_x B_1 \sin\omega t + M_y B_1 \cos\omega t) - \dfrac{M_z - M_0}{T_1} \end{cases} \tag{6-34}$$

在各种条件下来解布洛赫方程,可以解释各种核磁共振现象。一般来说,布洛赫方程中含有 $\cos\omega t$、$\sin\omega t$ 这些高频振荡项,求解起来很麻烦。如果我们能对它作一坐标变换,把它变换到旋转坐标系中去,求解起来就容易得多。

如图 6-18 所示,取新坐标系 $x'y'z'$,z' 与原来的实验室坐标系中的 z 重合,旋转磁场 $\vec{B_1}$ 与 x' 重合。显然,新坐标系是与旋转磁场以同一频率 ω 转动的旋转坐标系。图中 $\vec{M_\perp}$ 是 $\vec{M}$ 在垂直于恒定磁场方向上的分量,即 $\vec{M}$ 在 xOy 平面内的分量,设 μ 和 v 是 $\vec{M_\perp}$ 在 x' 和 y' 方向上的分量,则

$$\begin{cases} M_x = u\cos\omega t - v\sin\omega t \\[1mm] M_y = -v\cos\omega t - u\sin\omega t \end{cases} \tag{6-35}$$

把式(6-35)代入式(6-34)即得

$$
\begin{cases}
\dfrac{\mathrm{d}u}{\mathrm{d}t} = -(\omega_0 - \omega)v - \dfrac{u}{T_2} \\[2mm]
\dfrac{\mathrm{d}v}{\mathrm{d}t} = (\omega_0 - \omega)u - \dfrac{v}{T_2} - \gamma \cdot B_1 M_z \\[2mm]
\dfrac{\mathrm{d}M_z}{\mathrm{d}t} = \dfrac{M_0 - M_z}{T_1} + \gamma \cdot B_1 v
\end{cases}
\tag{6-36}
$$

式中：$\omega_0 = \gamma \cdot B_0$，式（6-36）表明 M_z 的变化是 v 的函数而不是 u 的函数。而 M_z 的变化表示核磁化强度矢量的能量变化，所以 v 的变化反映了系统能量的变化。

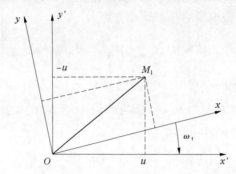

图 6-18　旋转坐标系

从式（6-36）可以看出，它们已经不包括 $\cos\omega t$、$\sin\omega t$ 这些高频振荡项了。但要严格求解仍是相当困难的。通常是根据试验条件来进行简化的。如果磁场或频率的变化十分缓慢，则可以认为 u,v,M_z 都不随时间发生变化，$\dfrac{\mathrm{d}u}{\mathrm{d}t}=0$，$\dfrac{\mathrm{d}v}{\mathrm{d}t}=0$，$\dfrac{\mathrm{d}M_z}{\mathrm{d}t}=0$，即系统达到稳定状态，此时式（6-36）的解称为稳态解：

$$
\begin{cases}
u = \dfrac{\gamma \cdot B_1 T_2^2 (\omega_0 - \omega) M_0}{1 + T_2^2(\omega_0 - \omega)^2 + \gamma^2 B_1^2 T_1 T_2} \\[4mm]
v = \dfrac{\gamma \cdot B_1 M_0 T_2}{1 + T_2^2(\omega_0 - \omega)^2 + \gamma^2 B_1^2 T_1 T_2} \\[4mm]
M_z = \dfrac{[1 + T_2^2(\omega_0 - \omega)] M_0}{1 + T_2^2(\omega_0 - \omega)^2 + \gamma^2 B_1^2 T_1 T_2}
\end{cases}
\tag{6-37}
$$

根据式（6-37）中前两式可以画出 u 和 v 随 ω 而变化的函数关系曲线。根据曲线知道，当外加旋转磁场 $\vec{B_1}$ 的角频率 ω 等于 $\vec{M}$ 在磁场 $\vec{B_0}$ 中的进动角频率 ω_0 时，吸收信号最强，即出现共振吸收现象。

6.5.3　试验仪器及材料

试验仪器采用苏州纽迈公司研制约 PQ-001 Mini NMR 核磁共振分析仪，核磁共振分析仪主要包含永磁体、试样管、射频系统、温控系统和数据采集分析系统。永久磁体磁场强度为 0.52 T（特斯拉），为了保证主磁场的均匀性与稳定性，磁体温度维持在（32±

0.01)℃,试样管的有效测试区域为 60 mm×φ 60 mm。试验装置如图 6-19 所示。

图 6-19 核磁共振试验装置示意图

(1)样品水:提供试验用的粒子,氢(^{1}H)核。

(2)绕在永磁铁外的磁感应线圈:提供一个叠加在永磁铁上的扫场。

(3)调压变压器:为磁感应线圈提供 50 Hz 的扫场电压。

(4)频率计:读取射频场的频率。

(5)示波器:观察共振信号。

6.5.4 试验步骤

(1)试样制备:制得一组脱湿试样和一组冻融试样。为了排除铁磁物质对主磁场均匀性的影响,采用规格为 20 mm×φ 45mm 的聚四氟乙烯环刀取代传统的不锈钢环刀制样。

(2)把制备好的环刀样装入饱和器,同进气值为 300 kPa 的陶土板一起利用抽真空法饱和 4 h,然后放入水中浸泡 24 h 以上。将饱和好的试样从饱和器中取出,一一称量并放入核磁共振仪试样管中进行核磁试验。

(3)将脱湿试样快速放置于压力板仪内安放好的饱和陶土板上,为了保证脱湿过程中试样水力路径的连续性,要确保环刀样的底部与陶土板接触良好。密封压力锅,施加设定的吸力,出水平衡后(平衡时间一般为 4 h 到 5 d),开锅取出试样,快速称重并放入核磁共振仪试样管中进行核磁试验,然后取出试样重新放入锅内的陶土板上,密封压力锅施加下一级吸力。

(4)重复上述步骤,直至试验完成。

(5)对于冻融试样,做完饱和状态的核磁试验后,放入冷浴中从 7.5 ℃ 开始降温至 -20 ℃ 左右然后升温,试验降(升)温步长为 0.3~1 ℃,每级温度平衡时间为 4~10 h。每级温度平衡后取出试样,迅速放入核磁试样管中进行试验。

(6)冻土样核磁试验过程中采用了与试样温度相当的低温氮气冲刷试样管中的试样,以减小核磁试验过程中试样融化对试验结果的影响。每次核磁试验结束后立即取出试样放入冷浴中施加下一级温度。

(7)重复上述步骤,直至试验完成。本核磁试验采用 CPMG 序列测得核磁共振感应衰减曲线 FID 曲线,其中采样重复时间为 100 ms,回波数为 10 000,半回波时间为 120 μs。

(8)将所有试样的 FID 曲线进行反演(由苏州纽迈公司提供的基于逐步迭代寻优算法的反演软件)得出试样在各级吸力和温度下的 T_2 时间分布数据(见表 6-1),并绘制 T_2 分布曲线,用于吸附水与毛细水界限横向弛豫时间 T_2 值的确定。

表 6-1　部分样品的弛豫时间及最佳射频幅度范围

样品	弛豫时间(T_2)	最佳射频幅度范围(V)
硫酸铜	约 0.1 ms	3~4
甘油	约 25 ms	0.5~2
纯水	约 2 s	0.1~1
三氯化铁	约 0.1 ms	3~4
氟碳	约 0.1 ms	0.5~3

6.5.5　数据处理与分析

(1)由上面得到的布洛赫方程的稳态解可以看出,稳态共振吸收信号有几个重要特点:

当 $\omega=\omega_0$ 时,v 值为极大,可以表示为 $v_{极大}=\dfrac{\gamma\cdot B_1 T_2 M_0}{1+\gamma^2 B_1^2 T_1 T_2}$,可见,当 $B_1=\dfrac{1}{\gamma\cdot(T_1 T_2)^{1/2}}$ 时,v 达到最大值 $v_{max}=\dfrac{1}{2}\sqrt{\dfrac{T_2}{T_1}}M_0$,由此表明,吸收信号的最大值并不是要求 B_1 无限地弱,而是要求它有一定的大小。

共振时 $\Delta\omega=\omega_0-\omega=0$,则吸收信号的表示式中包含有 $S=\dfrac{1}{1+\gamma B_1^2 T_1 T_2}$ 项,也就是说,B_1 增加时,S 值减小,这意味着自旋系统吸收的能量减少,相当于高能级部分地被饱和,所以人们称 S 为饱和因子。

实际的核磁共振吸收不是只发生在由式(6-26)所决定的单一频率上,而是发生在一定的频率范围内,即谱线有一定的宽度。通常把吸收曲线半高度的宽度所对应的频率间隔称为共振线宽。弛豫过程造成的线宽称为本征线宽。外磁场 $\vec{B}_0$ 不均匀也会使吸收谱线加宽。由式(6-38)可以看出,吸收曲线半宽度为

$$\omega_0-\omega=\frac{1}{T_2(1-\gamma^2 B_1^2 T_1 T_2^{1/2})}\tag{6-38}$$

可见,线宽主要由 T_2 值决定,所以横向弛豫时间是线宽的主要参数。

(2)横向弛豫时间 T_2 分布曲线。

FID 曲线上的第一个点与试样中的水分含量成正比,同时 FID 曲线的形状与多孔介质中孔隙水横向弛豫时间(T_2)有关,通过傅里叶转换,得到土样中孔隙水的 T_2 分布曲线,对于饱和试样,T_2 分布曲线可以反映孔隙分布特征,曲线下方的峰面积代表对应 T_2

范围内的含水率。土样中孔隙水的 T_2 可以表示为

$$\frac{1}{T_2} = \frac{1}{T_{2B}} + \frac{1}{T_{2S}} + \frac{1}{T_{2D}} = \frac{1}{T_{2B}} + \frac{\rho_2 S}{V} + \frac{1}{T_{2D}} \tag{6-39}$$

式中：T_{2B} 为在一个非常大的容器中所测得孔隙流体的 T_2 弛豫时间；T_{2S} 为表面弛豫引起的孔隙流体的 T_2 弛豫时间；T_{2D} 为梯度磁场下扩散引起的孔隙流体的 T_2 弛豫时间。

　　对于液态水，相比 T_{2S} 和 T_{2D}，T_{2B} 很大，因此 $1/T_{2B}$ 对 T_2 的影响可以忽略不计，同时假设材料满足快速扩散的条件，$1/T_{2D}$ 对 T_2 的影响也可以忽略不计，事实上，对于多孔介质中的孔隙水，以上两个条件是可以满足的，则土体中孔隙水的 T_2 值与其所处的土体内部孔隙结构直接相关，即

$$\frac{1}{T_2} = \rho_2 \frac{S}{V} \tag{6-40}$$

式中：ρ_2 为横向弛豫率，与土颗粒的表面的物理化学性质有关；S、V 分别为水分所处孔隙的表面积与体积。

　　假设土体中孔隙形状为柱形，则式（6-40）又可简写成：

$$\frac{1}{T_2} \approx \rho_2 \frac{2}{R} \tag{6-41}$$

　　式（6-41）表明孔隙水 T_2 值与孔隙半径 R 成正比，表明吸附水或小孔隙中水的 T_2 值比大孔隙中水的 T_2 值小，基于此理论，土样的 T_2 分布曲线就能反映岩土介质中孔隙水分布。而曲线下方的峰面积（等价于初始核磁信号）代表对应 T_2 范围内的含水率，因此核磁共振技术能测量土体介质中的各类孔隙水的含量。

　　核磁共振技术参数 T_2 值直接反映了孔隙水在试样中的赋存位置，即大孔隙水具有较大的 T_2 值，小孔隙水和束缚水具有较小的 T_2 值。T_2 分布曲线对应着土体内孔径分布情况，其中 T_2 曲线构成的面积反映了其含水率情况（见图 6-20）。T_2 曲线所构成的面积大小与实际所得含水率之间存在对应关系，含水率高的试样其 T_2 曲线所构成的面积大。

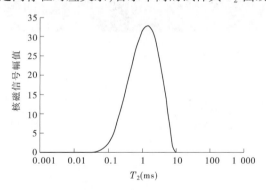

图 6-20　原状饱和土样

第7章 工程实例

7.1 郑韩故城概况

7.1.1 地理位置

　　根据河南省新郑市旅游和文物局关于《郑韩故城北城墙中段保护展示工程》立项报告,该工程实例为郑韩故城北城墙中段部分(以及相交的隔墙)保护与加固工程(见图7-1),位于河南省新郑市阁老路以东、中华路以西,共由五段组成。

图 7-1　郑韩故城遗址

　　新郑市位于河南省中部,属郑州市管辖。北靠郑州市,南连长葛市,东邻中牟县、尉氏县,西接新密市,面积873 km²,人口78.6万人,辖14个乡(镇)、337个行政村。地势西高东低,西部为浅山丘陵区,东部为平原,西北部为丘岗地。双泊河贯穿全市,境内长30余km。郑韩故城因作为公元前8世纪中叶至公元前230年春秋战国时期郑国和韩国的都城而得名。地理位置为东经113°43′20″,北纬34°26′15″,海拔高度为100~118 m。

7.1.2 气候条件

　　新郑市处于华北平原、豫西山地向豫东平原过渡地带,属暖温带大陆性季风气候。气温适中,四季分明。3~5月为春季,天气温暖,多东北、西北风,雨水偏少;6~8月为夏季,天气炎热,多东南风,雨水偏多,降水量占全年的52%;9~11月为秋季,天气凉爽,风向不定,雨水偏少;12月至次年2月为冬季,天气严寒,多西北风、东北风,雨雪偏少。主要灾

害性天气为旱、涝、风、雹等。年均气温 14.2 ℃,历史最高气温 42.5 ℃,历史最低气温
-17.9 ℃;年均降水量 676.1 mm,最高年降水量 1 174.0 mm,最少年降水量 449.4 mm;
年均蒸发量 1 476.2 mm,最高年蒸发量 1 976.2 mm,最低年蒸发量 1 237.3 mm;年均日照
时数 2 114.2 h,最高年日照时数 2 571.3 h(1978 年),最低年日照时数 1 753.3 h(1989
年);年均雷暴日数 19 d,最多年雷暴日数 26 d,最少年雷暴日数 11 d;年均雾日 22 d,最多
年雾日 38 d,最少年雾日 7 d;年均霜日 67 d,最多年霜日 90 d,最少年霜日 44 d;年均大风
日 7 d,最多年大风日 24 d,最少年大风日 0 d。

7.1.3　郑韩故城历史背景

郑武公公元前 769 年、公元前 767 年灭郐、虢二国后,在溱水(今黄水河)、洧水(今双
洎河)汇流处建立郑国新都城。郑国在新郑先后传 14 世 22 君,历时 394 年,于公元前
375 年被三家分晋后的韩国所灭。韩哀侯把国都从阳翟(今禹州市)迁到郑国国都,传 9
世,历时 145 年,至公元前 230 年被秦所灭。郑国和韩国在此建都 539 年,是当时的政治、
经济、军事、文化中心之一。郑韩故城城墙周长约 20 km,城区面积约 16 km²,城内一道南
北向的隔城墙,把郑韩故城分为两部分,西城为内城,东城为廓城。城墙一般高为 10 m 左
右,最高处可达 16 m,城墙基宽 40 ～ 60 m。

公元前 221 年,秦始皇统一六国,实行郡县制,秦王政十七年(公元前 230 年)秦灭
韩,二十六年(公元前 221 年),置新郑、郑韩二县,属颍川郡,到了西汉时期,汉承秦制,新
郑县、郑韩县属司河南郡。三国时期,河南属魏。新郑郑韩仍属司州河南尹。晋秦始二年
(公元 226 年),设荥阳郡,新郑并入郑韩县,治所郑韩,属司州荥阳郡。东魏太平初年,分
荥阳郡,设广武郡,郑韩县属北豫州广武郡。北齐、北周、郑韩县改属荥州。

隋开黄十六年(公元 596 年),又恢复新郑县,隋炀帝大业初年,废郑韩县,并入新郑
县,治所新郑,属豫州荥阳郡,唐武德四年(公元 621 年)将新郑县分为新郑、清池二县,属
管州。唐贞观元年(公元 627 年),清池县并入新郑县,治所新郑,属河南道郑州荥阳郡。
五代,新郑县属郑州。

至北宋熙宁五年(公元 1072 年),废郑州,新郑县属开封府。而到了北宋元丰八年
(公元 1085 年),又恢复郑州,新郑县改属郑州。

明初,新郑县属钧州,隆庆五年(公元 1571 年),改属河南开封府。清初,新郑属钧
州,雍正二年(公元 1724 年),将钧州改禹州,新郑属河南禹州。雍正十三年(公元 1735
年),升许州为府,新郑改属许州府。乾隆六年(公元 1741 年),又属开封府。

中华民国二年(公元 1913 年),新郑县属豫东道,民国三年,豫东道改名开封道,新郑
县属开封道。民国十六年(公元 1927 年),废道改设行政区,县属改为县政府,新郑县属
第一行政监督区。

中华人民共和国成立后,新郑县属郑州专区,1955 年改属开封专区,1958 年属郑州
市,1961 年属开封地区行政公署,1983 年又改属郑州至今。

7.1.4　郑韩故城遗址保护进程

1961 年 3 月 4 日公布郑韩故城为第一批全国重点文物保护单位;1964 年河南省文物

考古研究所在新郑设立工作站,开始了长期不断的文物勘探和考古发掘工作;1976 年 8 月,新郑县政府成立了新郑县文物管理委员会;1983 年 4 月,成立了新郑县文物保管所,隶属县文化局。

2006 年 3 月,11 处 29 座韩王陵成为第六批全国重点文物保护单位,并入郑韩故城。

2000 年 4 月,新郑市人民政府公布《郑韩故城遗址保护管理条例》;2001 年成立新郑市文物管理局,负责郑韩故城遗址的保护管理工作;2012 年 9 月成立郑韩故城遗址保护管理处。

2002 年 4 月,郑王陵博物馆(一期工程)正式对外开放;2009 年,郑公大墓展示厅竣工开放。2011 年 4 月,《郑韩故城城墙遗址东北角保护实施方案》通过国家文物局评审,于 2012 年开始实施,目前城墙外围工程已基本完成。

2008 年 6 月 27 日,国家文物局《关于郑韩故城遗址保护规划的批复》(文物保函〔2008〕643 号文);2010 年 7 月 26 日,郑州市人民政府下发了《关于实施郑韩故城保护规划的通知》(郑政文〔2010〕189 号文),保护规划开始实施;2008 年 8 月,《郑公大墓总体保护规划》得到国家文物局批复;2013 年 12 月,郑韩故城国家考古遗址公园获国家文物局立项;2014 年 3 月,郑韩故城北城墙中段保护展示工程立项报告开始申报。

2016 年 4 月,对位于北城墙与隔城墙交接处的东城北城门遗址实施发掘。新发现的瓮城遗址由夯土筑建而成,城墙墙体上突出的马面建筑,与一道东西走向的环形夯土墙(瓮城墙体)一起,构成了完整的瓮城防御体系。瓮城发掘处还发现有南宽北窄的水渠,两处西北、东北处的城门,体现了筑城者加强城门防守的理念和功能。

7.1.5　郑韩故城文保价值

郑韩故城属于大型古代城市遗址,留存至今的可移动文物和不可移动文物,是春秋战国时期社会经济、政治军事、思想文化大动荡、大变革的历史见证,是中华民族祖先创造的不可再生的文化资源。郑韩故城分布范围十分广泛,内涵非常丰富。城内外分布宫城遗址、宗庙遗址、社稷遗址、各类手工业(铸铜、铸铁、制骨、制玉、制陶、缫丝)作坊遗址、各类建筑基址、居民区、墓葬区,另外还包括分布在城外的近郊的 11 处韩王陵陵园。郑韩故城是东周时期著名的列国都城之一,其规模和保存的完整性,在东周列国城中都是十分突出的,是 1961 年国务院公布的首批全国重点文物保护单位,是首批国家重点扶持保护的 36 处地址之一,是 20 世纪全国 100 项重大考古发现之一。

7.1.5.1　历史价值

郑韩故城打破了西周营城旧制的约束,首先在城址选择上非常注重与地形、地势的结合,"城廓不必中规矩,道路不必中准绳";其次调整整城市功能分区及土地利用,增加工商业及居住集中的外郭的面积,是先秦典籍中唯一明确记载有"市"的列国都邑,为积极繁荣城市经济创造了条件。城市性质转变带来的城市规划理论、城市营建手段的突破创新在郑韩故城中得到了全面体现。

由于无可替代的选址和高瞻远瞩的营建,郑韩故城遗址两千多年来作为城镇被持续改造利用。遗址在中原地区复杂多变的历史环境下能保存下来并成为现代城市中独特的文化景观,其蕴藏的价值观和深厚的文化背景起到至关重要的作用。

7.1.5.2 社会价值

郑韩故城遗址是新郑市历史文化名城的重要支撑和核心内涵,对这些历史文化遗产的保护展示将起到凸显城市特色、彰显城市文化内涵的重要作用。

根据郑韩故城的保护规划,结合新郑市城市发展规划,将围绕郑韩故城建设成郑韩故城城墙遗址公园以及郑韩故城遗址博物馆暨保护管理中心。这将进一步科学有效地保护城墙本体,深化人们对郑韩故城的历史、文化认知与学习,对于弘扬传统地域文化、历史文明有很高的社会价值,为城市的文化建设做出巨大的贡献。

7.1.5.3 艺术价值

郑韩故城内出土了大量体现春秋战国时期艺术特征的造型独特、工艺精美的可移动文物,尤其是被郭沫若誉为"时代精神之象征"的莲鹤方壶,突破了商周青铜器严肃、静止的格调,在商周考古史上具有划时代意义,具有极高的艺术价值。

郑韩故城先后出土青铜编钟 8 批共 286 件,是列国中出土编钟最多的国家,多是一钟双音,音列结构规范,调音准确,至今仍可演奏出声色优美的旋律,为我国研究编钟发展史、音乐史提供了珍贵实物。

郑韩故城凭河踞险,城墙巍然耸立,连绵起伏,城内宽敞平整。引河入城不仅解决城市供水、漕运等问题,而且形成了独特的城市滨水景观。居住、防卫、生产生活与自然环境融为一体,堪称中国古代城市设计的上乘之作。

7.2 郑韩故城北城墙中段分段信息及保护现状

此次城墙本体保护对象为郑韩故城北城墙中段部分,位于新郑市阁老路以东、中华路以西,共由五部分组成。

7.2.1 郑韩故城北城墙中段分段命名

由于城市的快速发展及居民文物保护意识的淡薄,郑韩故城破损严重,亟须保护与加固。为了便于对保护区段的调研与防护,将阁老路以东,中华路以西,五部分郑韩故城北城墙中段分别命名为 A、B、C、D、E 段。

工程全景如图 7-2 所示。

A 段位于阁老路和新郑快速路之间,8 个单元(A-01~A-08 段),总长约 420 m。城墙底部最宽 125 m,最窄处 46 m,城墙顶部最宽 48 m,最窄 1.0 m。

B 段位于新郑快速路和瓮城考古发掘处之间,东端为北城墙与小城墙交界处,总体呈"L"形,共 12 个单元(B-01~B-12 段),总长约 670 m。

城墙底部最宽 90 m,最窄处 20 m,城墙顶部最宽 36 m,最窄 1.0 m。北侧城墙有 3~6 个坎平台、陡坎,坡度较陡,植被以槐树和构桃树为主,平台上为大面积灌木,城墙最窄处位于 B-05 段。

C 段位于瓮城考古发掘处和东侧废弃铁轨之间,共 9 个单元(C-01~C-09 段),总长约 450 m。城墙底部最宽 40 m,最窄处 18 m,城墙顶部最宽 16 m,最窄 3 m,城墙西侧 C-03 段存在人为取土形成的宽约 3 m 的通道。

图 7-2　工程全景图

D 段位于废旧的火车铁轨和通往李唐庄的水泥路之间,6 个单元(D-01~D-06段),总长约 280 m。城墙底部最宽 38 m,最窄处 4 m,城墙顶部最宽 18 m,最窄 1 m。城墙西侧立面存在人为取土所致底部掏洞及顶部掘坑;植物病害发育显著,坍塌、表土流失现象严重。城墙北侧为农田和居民自建房,房屋建设和人为取土造成北侧城墙多处垂直坡坎,最多两个坎平台、陡坎,极易出现崩塌现象。人为通道豁口加速了表土流失。南侧城墙有 1~2 个陡坎,陡坎接近 90°。

E 段位于通往李唐庄的水泥路和中华路之间,4 个单元(E-01~E-04段),总长约160 m。城墙底部最宽 40 m,最窄处 15 m,城墙顶部最宽 20 m,最窄 3 m。北部城墙本体有 1~2 个坎平台、陡坎,紧挨地面的坡度较陡,接近 90°。

7.2.2　病害分析与评估

郑韩故城城墙目前处于自然裸露状态,受自然因素和人为因素影响普遍存在多种病害。根据现场调查情况,其主要残损病害分为以下七类。

7.2.2.1　失稳坍塌

郑韩故城城墙用土含砂量大,受降雨冲刷影响,土质疏松。人为取土造成局部卸荷裂缝,植物根系生长形成胀劈裂缝,原有城墙营造时的施工缝隙等,在雨水冲刷、冻胀、应力集中、植物根系生长等多种外营力作用下裂隙不断扩大,土体失稳,在部分缺口及崖壁处出现坍塌,墙垣破坏较为严重,并不断加剧。

7.2.2.2　掏蚀、孔洞

在故城内城墙的东墙和北墙,有部分人为掏洞用来储存物品。同时,因在城墙根部的取土和农业耕种活动,受风、雨、盐分等自然因素影响,出现了掏蚀病害。孔洞和根部掏蚀病害严重影响了墙垣的结构稳定性。

7.2.2.3　裂缝

因夯土缺失形成的裸露壁体,在局部卸荷和植物根系作用下,多处本体发育裂隙,破坏了遗址土体的整体性,雨水渗入裂缝破坏土体强度,进而加剧了裂缝的发展,甚至造成局部坍塌。

7.2.2.4 表层土流失或者片状剥离、脱落

雨水冲刷致使土遗址表层土流失，或者先在表层结皮，后期在温度、盐分、风蚀以及植物根系等因素影响下片状剥离、脱落，随着时间的累积，遵循"结皮形成—剥离脱落—结皮形成"的演化模式，造成表面逐层劣化，持续破坏。

7.2.2.5 冲沟

因雨水冲刷，在局部汇水集中处形成冲沟，不断地侵害着遗址本体，见图7-3。

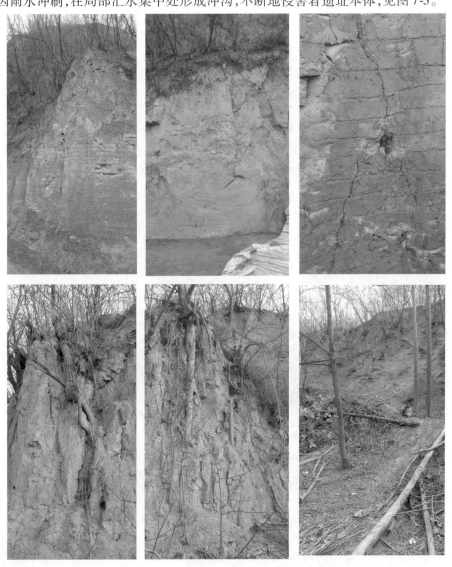

图7-3 郑韩故城典型病害照片

7.2.2.6 植物病害

夯土城墙上生长着大量大小不一的乔木、灌木和杂草。这些植物因根系深浅不一，生长位置不同，对城墙的影响也有利弊之分。半腰上靠近崖壁处和顶宽较小的墙顶处生长

的深根系乔木和灌木对城墙破坏作用明显,其根系导致崖壁鼓胀开裂,进而不断引发坍塌;生长在宽阔顶部的深根乔木同样对墙体有破坏作用,随着树木和根系的生长,不断侵害城墙土体的整体性。大量的野草因根系较浅,破坏作用小,以固土作用为主。

7.2.2.7　人为破坏

紧邻城墙边缘和在夯土城墙顶部开垦耕作,对夯土城墙产生严重破坏。居民的生活垃圾无序倾倒,堆积于东城墙城门处,甚至出现部分居民建筑紧邻城墙,直接占压原城墙遗址,严重污染和破坏了城墙的原始面貌。另外,城墙上多处人为攀爬道路,经过踩踏,缺乏植被保护,突发降雨容易造成冲刷破坏。

7.3　郑韩故城本体土工测试及分析

分别对郑韩故城北城墙中段 A～E 段进行现场取样,并进行系统的室内土工试验分析,包括含水率、干密度、比重、液塑限、击实、颗粒分析、一维固结压缩、渗透、湿陷性、崩解性、有机质含量、易溶盐、常含水率剪切强度、土水特征曲线及相关微观结构测试试验,分析了不同含水率条件下城墙土体强度参数的变化规律,通过扫描电镜、X 衍射等手段对遗址土的微观结构进行了相关测试,为城墙的稳定性分析与工程加固提供了理论依据。

7.3.1　郑韩故城遗址土的基本物理力学性质试验

7.3.1.1　现场取样

为了对郑韩故城北城墙土体进行相关室内试验,根据城墙现场测绘资料对城墙 18 个断面进行了现场取样,包括原状样与散土样,取样方法及要求见 2.3 节、2.4 节中规定,如图 7-4 所示。原状环刀样用于室内直接剪切、固结试验等测试,袋装散土样用于击实试验,测试城墙土的最大干密度及最优含水率。

(a)现场取样　　　　　　　(b)土样封装

图7-4　现场取样及封装

取样过程中发现,城墙表层及本体土样密实度存在显著差异,所以对城墙表层及城墙本体上均进行取样,以便更好地判断城墙土的基本物理力学性质,为城墙稳定性分析及数值计算提供参数。

7.3.1.2　天然密度测定

测试方法及步骤见 3.2 节,主要测试过程如图 7-5 所示。

（a）环刀土样称重

（b）蜡封并标号

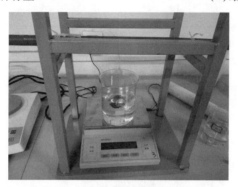

（c）蜡封样称重

图7-5　环刀法测密度及蜡封法测密度

土的密度试验多采用环刀法进行,但城墙土为粉土或粉质黏土,在个别断面环刀取样较为困难,需采用蜡封法进行土的密度测试,测试结果如表7-1、表7-2所示。

表7-1　城墙表层土天然密度测定

取土位置			天然密度（g/cm³）	方法
A	A-①	上	1.56	环刀法
		中	1.57	环刀法
		下	1.57	环刀法
	A-②	上	1.56	环刀法
		中	1.56	环刀法
		下	1.57	环刀法
	A-③	上	1.56	环刀法
		中	1.57	环刀法
		下	1.57	环刀法
	A-④	上	1.57	环刀法
		中	1.58	环刀法
		下	1.58	环刀法

续表 7-1

取土位置			天然密度（g/cm³）	方法
B	B – ①	上	1.55	环刀法
		中	1.54	环刀法
		下	1.55	环刀法
	B – ②	上	1.56	环刀法
		中	1.56	环刀法
		下	1.57	环刀法
	B – ③	上	1.54	环刀法
		中	1.55	环刀法
		下	1.55	环刀法
	B – ④	上	1.54	环刀法
		中	1.55	环刀法
		下	1.56	环刀法
C	C – ①	上	1.58	环刀法
		中	1.59	环刀法
		下	1.61	环刀法
	C – ②	上	1.56	环刀法
		中	1.57	环刀法
		下	1.59	环刀法
	C – ③	上	1.58	环刀法
		中	1.60	环刀法
		下	1.59	环刀法
	C – ④	上	1.59	环刀法
		中	1.59	环刀法
		下	1.59	环刀法
	C – ⑤	上	1.59	环刀法
		中	1.61	环刀法
		下	1.60	环刀法
D	D – ①	上	1.82	环刀法
		中	1.82	环刀法
		下	1.85	环刀法
	D – ②	上	1.81	环刀法
		中	1.83	环刀法
		下	1.84	环刀法
	D – ③	上	1.82	环刀法
		中	1.82	环刀法
		下	1.83	环刀法

续表 7-1

取土位置			天然密度（g/cm³）	方法
E	E–①	上	1.78	环刀法
		中	1.80	环刀法
		下	1.80	环刀法
	E–②	上	1.81	环刀法
		中	1.81	环刀法
		下	1.82	环刀法

表 7-2　城墙本体密度测定

取土位置			天然密度（g/cm³）	测试方法
A	A–①	上	1.84	蜡封法
		中	1.85	蜡封法
		下	1.86	蜡封法
	A–②	上	1.84	蜡封法
		中	1.85	蜡封法
		下	1.86	蜡封法
	A–③	上	1.85	环刀法
		中	1.85	蜡封法
		下	1.87	蜡封法
	A–④	上	1.84	蜡封法
		中	1.85	蜡封法
		下	1.86	环刀法
B	B–①	上	1.65	蜡封法
		中	1.66	蜡封法
		下	1.67	蜡封法
	B–②	上	1.65	蜡封法
		中	1.67	蜡封法
		下	1.68	蜡封法
	B–③	上	1.63	蜡封法
		中	1.67	蜡封法
		下	1.67	蜡封法
	B–④	上	1.65	蜡封法
		中	1.66	蜡封法
		下	1.67	蜡封法

续表 7-2

取土位置			天然密度（g/cm³）	测试方法
C	C - ①	上	1.76	蜡封法
		中	1.78	蜡封法
		下	1.78	蜡封法
	C - ②	上	1.77	蜡封法
		中	1.79	蜡封法
		下	1.80	蜡封法
	C - ③	上	1.76	蜡封法
		中	1.77	蜡封法
		下	1.78	蜡封法
	C - ④	上	1.78	蜡封法
		中	1.78	蜡封法
		下	1.79	蜡封法
	C - ⑤	上	1.77	蜡封法
		中	1.78	蜡封法
		下	1.78	蜡封法
D	D - ①	上	1.84	蜡封法
		中	1.85	蜡封法
		下	1.86	蜡封法
	D - ②	上	1.85	蜡封法
		中	1.86	蜡封法
		下	1.86	蜡封法
	D - ③	上	1.84	蜡封法
		中	1.85	蜡封法
		下	1.86	蜡封法
E	E - ①	上	1.83	蜡封法
		中	1.84	蜡封法
		下	1.85	蜡封法
	E - ②	上	1.83	蜡封法
		中	1.85	蜡封法
		下	1.85	蜡封法

本试验采用环刀法及蜡封法测得土体密度,发现城墙土体天然密度变化范围较大,由表 7-1 及表 7-2 可知,表层土的密度最小为 1.54 g/cm³,最大为 1.85 g/cm³;本体天然密度最小为 1.63 g/cm³,最大为 1.87 g/cm³。

7.3.1.3　含水率测定

含水率是计算土的干密度、最佳含水率及最大干密度的重要依据。在自然条件下土的含水率称为天然含水率,土的物理力学性质随着含水率的变化而改变。根据含水率的不同,土体呈现出稍湿、潮湿或者饱和状态,亦或者在半固态、塑性状态与流动状态之间变化。本试验采用烘干法测定遗址土的含水率,测试方法及步骤见 3.1 节,测试过程如图 7-6 所示。

图 7-6　遗址土的含水率试验

城墙土体的天然含水量与环境影响因素密切相关,取样时的温度、湿度等均会对其天然含水率产生影响。表 7-3、表 7-4 为城墙表层土及本体土的含水率试验结果,由此可知,城墙表层土体含水率最小为 9.6%,最大为 14.6%;城墙本体含水率最小为 6.8%,最大为 14.3%。

表 7-3　城墙表层土含水率测试结果

取土位置			含水率(%)
A	A – ①	上	13.1
		中	13.7
		下	14.2
	A – ②	上	12.7
		中	13.4
		下	13.9
	A – ③	上	12.9
		中	13.2
		下	13.8

续表 7-3

取土位置			含水率（%）
A	A－④	上	12.9
		中	13.2
		下	14.1
B	B－①	上	13.1
		中	13.7
		下	14.5
	B－②	上	13.2
		中	13.9
		下	14.4
	B－③	上	13.5
		中	14.1
		下	13.8
	B－④	上	12.9
		中	13.3
		下	14.2
C	C－①	上	12.8
		中	13.4
		下	14.6
	C－②	上	12.2
		中	13.1
		下	13.9
	C－③	上	12.1
		中	12.8
		下	13.6
	C－④	上	11.9
		中	12.4
		下	13.0
	C－⑤	上	12.2
		中	12.9
		下	13.3

续表7-3

取土位置			含水率(%)
D	D-①	上	9.8
		中	10.2
		下	11.4
	D-②	上	10.3
		中	10.9
		下	12.1
	D-③	上	9.7
		中	10.7
		下	11.5
E	E-①	上	10.1
		中	10.8
		下	11.6
	E-②	上	9.6
		中	10.7
		下	11.4

表 7-4　城墙本体含水率测试结果

取土位置			含水率(%)
A	A-①	上	12.4
		中	11.8
		下	12.9
	A-②	上	11.5
		中	12.4
		下	13.2
	A-③	上	11.3
		中	12.8
		下	13.2
	A-④	上	11.8
		中	12.9
		下	12.7

续表 7-4

取土位置			含水率(%)
B	B-①	上	13.6
		中	14.2
		下	13.9
	B-②	上	11.8
		中	12.6
		下	13.7
	B-③	上	13.3
		中	13.9
		下	14.2
	B-④	上	12.4
		中	13.6
		下	14.3
C	C-①	上	10.2
		中	11.3
		下	12.2
	C-②	上	9.9
		中	10.5
		下	11.9
	C-③	上	9.8
		中	10.0
		下	11.6
	C-④	上	10.0
		中	10.8
		下	12.2
	C-⑤	上	9.4
		中	10.1
		下	11.8

续表 7-4

取土位置			含水率(%)
D	D - ①	上	8.3
		中	9.1
		下	9.8
	D - ②	上	7.8
		中	8.4
		下	9.6
	D - ③	上	7.6
		中	8.2
		下	9.3
E	E - ①	上	6.8
		中	7.5
		下	8.8
	E - ②	上	8.1
		中	8.9
		下	9.4

7.3.1.4　液塑限测定

液塑限是表征土的物理力学性质和评价土的工程特性的重要参数,液塑限与土的颗粒大小、分布和矿物组成有关,液塑限可以用于衡量土的稳定性、承载力、膨胀与收缩性。界限含水率试验的方法有液限和塑限联合测定法、液限碟式仪法、塑限滚搓法。液塑限联合测定法在国内被广泛地应用,具有操作过程方便、快捷,测量结果准确的特点,液限碟式仪法在国外应用比较多,塑限滚搓法操作过程不好控制,试验结果的准确性受试验人员操作水平的制约较大。所以,本次试验采用液塑限联合测定法(见图 7-7),按照 3.5 节方法对遗址土进行界限含水率试验。

表 7-5 为界限含水率试验结果。可以看出,城墙土塑限最大为 19.46%,最小为 15.80%;液限最大为 29.02%,最小为 23.70%。土样塑性指数多小于 10,其中 B 段③点下为 10.23 及 E 段的①点中和②点中分别为 10.05、10.03。根据《土工试验方法标准》(GB/T 50123—1999),塑性指数小于 10 为粉土,大于 10 为粉质黏土,所以所取城墙土样属于粉土及粉质黏土。

图 7-7　液塑限试验过程

表 7-5　液塑限试验结果

取土位置			塑限（%）	液限（%）	塑性指数（%）	液性指数（%）
A	A－①	上	18.48	25.97	7.49	－0.81
		中	18.39	25.94	7.55	－0.87
		下	18.50	26.00	7.50	－0.75
	A－②	上	18.46	26.06	7.60	－0.92
		中	18.37	26.01	7.64	－0.78
		下	18.46	26.06	7.60	－0.69
	A－③	上	18.55	26.00	7.45	－0.97
		中	18.38	25.98	7.60	－0.73
		下	18.60	26.20	7.60	－0.71
	A－④	上	18.42	25.94	7.52	－0.88
		中	18.47	25.98	7.51	－0.74
		下	18.52	26.20	7.68	－0.76
B	B－①	上	16.80	25.20	8.40	－0.38
		中	17.14	25.51	8.37	－0.35
		下	17.31	25.55	8.24	－0.41
	B－②	上	16.82	25.12	8.30	－0.60
		中	17.12	25.34	8.22	－0.55
		下	17.60	25.50	7.90	－0.49
	B－③	上	17.08	24.92	7.84	－0.38
		中	17.23	25.21	7.98	－0.33
		下	17.20	27.43	10.23	－0.29
	B－④	上	16.94	25.14	8.20	－0.55
		中	17.15	25.44	8.29	－0.43
		下	17.80	25.60	7.80	－0.45

续表7-5

取土位置			塑限(%)	液限(%)	塑性指数(%)	液性指数(%)
C	C-①	上	16.13	23.70	7.57	-0.78
		中	16.34	24.30	7.96	-0.63
		下	16.60	25.00	8.40	-0.52
	C-②	上	15.80	23.74	7.94	-0.74
		中	16.25	24.10	7.85	-0.73
		下	16.20	24.80	8.60	-0.50
	C-③	上	15.80	24.60	8.80	-0.68
		中	16.34	25.00	8.66	-0.73
		下	16.52	25.40	8.88	-0.55
	C-④	上	16.06	24.77	8.71	-0.70
		中	16.90	25.40	8.50	-0.72
		下	16.50	24.90	8.40	-0.51
	C-⑤	上	16.15	23.70	7.55	-0.89
		中	16.36	24.20	7.84	-0.80
		下	16.50	24.90	8.40	-0.56
D	D-①	上	18.41	27.65	9.24	-1.09
		中	18.44	27.68	9.24	-1.01
		下	18.45	27.70	9.25	-0.94
	D-②	上	18.36	26.10	7.74	-1.36
		中	18.44	27.69	9.25	-1.09
		下	18.96	28.10	9.14	-1.02
	D-③	上	18.36	27.53	9.17	-1.17
		中	18.90	27.80	8.90	-1.20
		下	19.40	28.50	9.10	-1.11
E	E-①	上	18.44	27.69	9.25	-1.15
		中	18.97	29.02	10.05	-1.14
		下	19.46	28.78	9.32	-1.07
	E-②	上	17.10	25.90	8.80	-0.88
		中	17.88	27.91	10.03	-0.90
		下	18.46	27.80	9.34	-0.90

7.3.1.5　颗粒分析试验

颗粒分析是开展工程建设和计算土的其他特征参数的重要任务。按照 3.4 节中的试验方法及步骤对各断面土样进行颗粒分析试验。小于某粒径的土体质量分数曲线如图 7-8 所示,颗粒分析试验结果见表 7-6。可以看出,小于 0.075 mm 的土颗粒超过总质量的 50%,根据《公路土工试验规程》(JTG E40—2007)及液塑限试验结果,所取遗址土的工程分类为粉土或粉质黏土。

根据液塑限与颗粒分析试验结果,城墙土自上而下性质与状态基本相同,因此在后续试验中不再分上、中、下,只取 18 个断面。

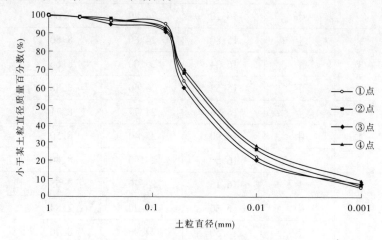

(a)A 段颗粒级配曲线

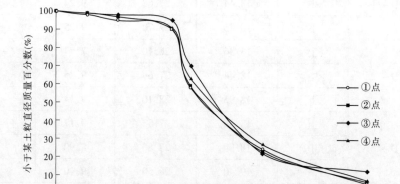

(b)B 段颗粒级配曲线

图 7-8　遗址土的颗粒分析曲线图

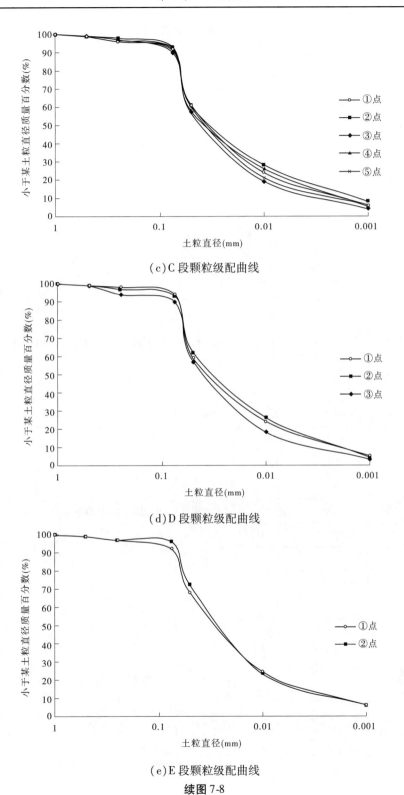

(c)C 段颗粒级配曲线

(d)D 段颗粒级配曲线

(e)E 段颗粒级配曲线

续图 7-8

表 7-6 颗粒分析试验结果

取土位置		孔径（mm）	小于该孔径的质量分数（%）	d_{60}	d_{30}	d_{10}	C_u	C_c
A	A－①	1	100	0.046	0.024	0.004	11.500	3.130
		0.5	99					
		0.25	97					
		0.075	95					
		0.05	64					
		0.01	22					
		0.001	5					
	A－②	1	100	0.043	0.020	0.004	10.750	2.326
		0.5	99					
		0.25	98					
		0.075	92					
		0.05	68					
		0.01	26					
		0.001	6					
	A－③	1	100	0.050	0.026	0.003	16.667	4.507
		0.5	99					
		0.25	95					
		0.075	91					
		0.05	60					
		0.01	20					
		0.001	7					
	A－④	1	100	0.039	0.018	0.002	19.500	4.154
		0.5	99					
		0.25	97					
		0.075	93					
		0.05	70					
		0.01	28					
		0.001	9					

续表 7-6

取土位置		孔径 (mm)	小于该孔径的 质量分数(%)	d_{60}	d_{30}	d_{10}	C_u	C_c
B	B – ①	1	100	0.053	0.022	0.004	13.250	2.283
		0.5	98					
		0.25	95					
		0.075	91					
		0.05	58					
		0.01	24					
		0.001	5					
	B – ②	1	100	0.052	0.023	0.004	13.000	2.543
		0.5	99					
		0.25	97					
		0.075	90					
		0.05	59					
		0.01	23					
		0.001	6					
	B – ③	1	100	0.047	0.021	0.003	15.667	3.128
		0.5	99					
		0.25	98					
		0.075	95					
		0.05	70					
		0.01	22					
		0.001	12					
	B – ④	1	100	0.048	0.019	0.003	16.000	2.507
		0.5	99					
		0.25	97					
		0.075	91					
		0.05	63					
		0.01	27					
		0.001	7					

续表 7-6

取土位置		孔径 (mm)	小于该孔径的质量分数(%)	d_{60}	d_{30}	d_{10}	C_u	C_c
C	C－①	1	100	0.049	0.022	0.004	12.250	2.469
		0.5	99					
		0.25	96					
		0.075	92					
		0.05	61					
		0.01	24					
		0.001	6					
	C－②	1	100	0.049	0.018	0.003	16.333	2.204
		0.5	99					
		0.25	98					
		0.075	93					
		0.05	61					
		0.01	28					
		0.001	8					
	C－③	1	100	0.055	0.028	0.005	11.000	2.851
		0.5	99					
		0.25	97					
		0.075	90					
		0.05	57					
		0.01	19					
		0.001	4					
	C－④	1	100	0.054	0.020	0.004	13.500	1.852
		0.5	99					
		0.25	97					
		0.075	92					
		0.05	58					
		0.01	26					
		0.001	5					
	C－⑤	1	100	0.050	0.025	0.004	12.500	3.125
		0.5	99					
		0.25	97					
		0.075	91					
		0.05	60					
		0.01	21					
		0.001	6					

续表 7-6

取土位置		孔径（mm）	小于该孔径的质量分数（%）	d_{60}	d_{30}	d_{10}	C_u	C_c
D	D-①	1	100	0.051	0.022	0.004	12.750	2.373
		0.5	99					
		0.25	98					
		0.075	94					
		0.05	59					
		0.01	24					
		0.001	5					
	D-②	1	100	0.048	0.020	0.005	9.600	1.667
		0.5	99					
		0.25	97					
		0.075	93					
		0.05	62					
		0.01	26					
		0.001	4					
	D-③	1	100	0.055	0.029	0.006	9.167	2.548
		0.5	99					
		0.25	94					
		0.075	90					
		0.05	57					
		0.01	18					
		0.001	3					
E	E-①	1	100	0.043	0.022	0.004	10.750	2.814
		0.5	99					
		0.25	97					
		0.075	92					
		0.05	68					
		0.01	24					
		0.001	6					
	E-②	1	100	0.037	0.023	0.004	9.250	3.574
		0.5	99					
		0.25	97					
		0.075	96					
		0.05	72					
		0.01	23					
		0.001	6					

7.3.1.6　比重试验

同一类土的比重变化范围很小,砂土为 2.65~2.69,粉土为 2.70~2.71,黏土为 2.72~2.75。本试验采用比重瓶法测试所取土样比重,测试方法及步骤见 3.3 节。表 7-7 为各断面遗址土的比重试验结果。由表 7-7 数据可知,保护区段遗址土比重为 2.68~2.71。

表 7-7　比重试验结果

取土位置		比重
A	A-①	2.69
	A-②	2.69
	A-③	2.68
	A-④	2.69
B	B-①	2.70
	B-②	2.69
	B-③	2.69
	B-④	2.71
C	C-①	2.68
	C-②	2.69
	C-③	2.68
	C-④	2.70
	C-⑤	2.69
D	D-①	2.68
	D-②	2.71
	D-③	2.69
E	E-①	2.70
	E-②	2.69

7.3.1.7　湿陷性试验

对各断面遗址土进行湿陷性试验,具体测试方法及步骤见 3.12 节。

表 7-8 为城墙土湿陷性试验结果,可知,A 段湿陷性系数最小为 0.002,最大为 0.006;B 段湿陷性系数最小为 0.013,最大为 0.016;C 段湿陷性系数最小为 0.009,最大为 0.013;D 段湿陷性系数最小为 0.002 9,最大为 0.011;E 段湿陷性系数最小为 0.008,最大为 0.012。

根据《湿陷性黄土地区建筑规范》(GB 5005—2004)及《公路土工试验规程》(JTG E40—2007)规定,湿陷系数为 0.015~0.03,为轻微湿陷,故保护区段遗址土的湿陷性可基本忽略。

表 7-8　湿陷性试验结果

取土位置		荷载(kPa)	湿陷性系数
A	A－①	200	0.002 7
	A－②	200	0.002
	A－③	200	0.002 4
	A－④	200	0.006
B	B－①	200	0.015
	B－②	200	0.013
	B－③	200	0.016
	B－④	200	0.015
C	C－①	200	0.012
	C－②	200	0.010
	C－③	200	0.009
	C－④	200	0.013
	C－⑤	200	0.011
D	D－①	200	0.004
	D－②	200	0.002 9
	D－③	200	0.011
E	E－①	200	0.008
	E－②	200	0.012

7.3.1.8　击实试验

对各断面土样进行了 18 组击实试验,测试方法及步骤见 3.7 节,试验结果如图 7-9 及表 7-9 所示。可知保护区段遗址土最优含水率为 14.0% ~ 15.1%,最大干密度为 1.798 ~ 1.854 g/cm³。

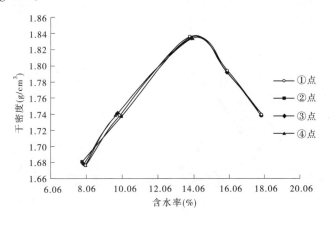

(a)A 点

图 7-9　击实曲线

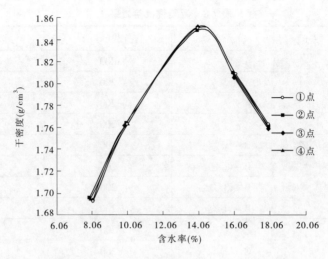

（b）B 点

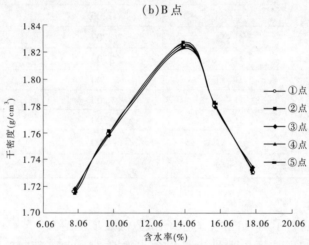

（c）C 点

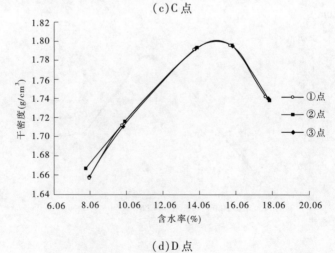

（d）D 点

续图 7-9

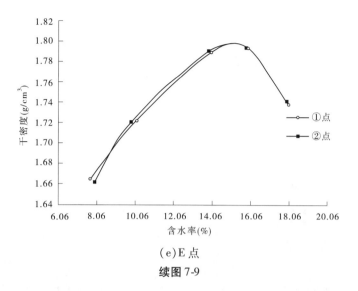

(e)E 点

续图 7-9

表 7-9　击实试验结果

取土位置		最优含水率(%)	最大干密度(g/cm³)
A	A－①	14.2	1.835
	A－②	14.3	1.837
	A－③	14.1	1.836
	A－④	14.1	1.838
B	B－①	14.1	1.852
	B－②	14.3	1.853
	B－③	14.3	1.852
	B－④	14.2	1.854
C	C－①	14.1	1.826
	C－②	14.1	1.825
	C－③	14.0	1.824
	C－④	14.2	1.825
	C－⑤	14.1	1.824
D	D－①	14.8	1.801
	D－②	14.9	1.802
	D－③	14.8	1.801
E	E－①	15.0	1.799
	E－②	15.1	1.798

7.3.1.9　直剪试验

对城墙 A ~ E 断面典型土样进行饱和快剪及常含水率直剪试验,测试方法及步骤见 3.14 节。典型应力与剪切位移关系曲线如图 7-10 所示,试验结果见表 7-10 ~ 表 7-12。

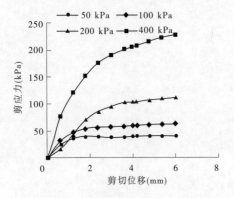

（a）B－①点剪应力与剪切位移关系

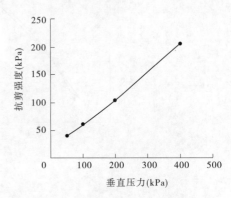

（b）B－①点垂直压力与抗剪强度关系

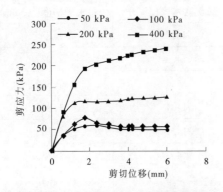

（c）D 段 10% 剪应力与剪切位移关系

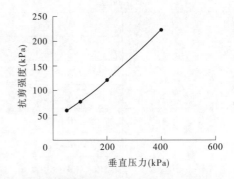

（d）D 段 10% 垂直压力与抗剪强度关系

图 7-10　城墙表层土的直剪试验曲线

表 7-10　表层土的抗剪强度指标

取土位置		黏聚力(kPa)	内摩擦角(°)
A	A－①	1.74	25.48
	A－②	1.79	25.54
	A－③	1.90	25.52
	A－④	1.70	25.62
B	B－①	12.85	25.60
	B－②	12.58	25.71
	B－③	12.73	25.42
	B－④	12.57	25.76

取土位置		黏聚力(kPa)	内摩擦角(°)
C	C – ①	1.79	25.72
	C – ②	1.39	25.83
	C – ③	1.85	25.78
	C – ④	1.90	25.85
	C – ⑤	1.80	25.82
D	D – ①	8.17	27.92
	D – ②	8.99	27.42
	D – ③	8.76	27.68
E	E – ①	8.29	27.9
	E – ②	8.56	27.95

表 7-11　城墙本体抗剪强度指标(重塑饱和)

取土位置		黏聚力(kPa)	内摩擦角(°)
A	A – ①	1.38	25.52
	A – ②	1.92	25.37
	A – ③	2.14	25.46
	A – ④	2.00	25.41
B	B – ①	4.89	25.97
	B – ②	5.99	25.63
	B – ③	4.25	25.96
	B – ④	4.00	25.61
C	C – ①	1.19	27.54
	C – ②	1.04	27.25
	C – ③	0.76	27.25
	C – ④	1.52	27.24
	C – ⑤	1.05	27.22
D	D – ①	8.71	28.26
	D – ②	9.20	28.23
	D – ③	8.90	28.25
E	E – ①	8.51	28.18
	E – ②	9.42	28.24

表 7-12 不同含水率抗剪强度指标(最优含水率制样经饱和后烘干至目标含水率)

取土位置		含水率(%)	黏聚力(kPa)	内摩擦角(°)	干密度
A	A-①	5	26.67	27.34	1.38
		10	16.21	25.03	
		15	13.47	24.37	
		—	—	—	
	A-②	5	25.7	26.84	
		10	17.16	24.73	
		15	14.27	23.97	
		—	—	—	
B		5	42.55	23.15	1.51
		10	27.03	23.15	
		15	10.81	23.97	
		20	13.69	23.45	
		饱和含水率	4.78	25.79	
C		5	43.84	26.22	1.63
		10	33.48	25.28	
		15	25.88	24.98	
		20	12.85	26.08	
		饱和含水率	1.12	25.34	
D		5	55.75	28.35	1.75
		10	45.23	25.37	
		15	31.16	25.16	
		20	24.86	26.54	
		饱和含水率	9.04	28.21	

注:"—"为由于干密度为 1.38 g/cm³,含水率 20% 土样无法进行直接剪切试验。

由直剪试验结果可知:

(1)土样的剪应力随外加垂直压力的增加而增大,土样的剪应力与剪切位移曲线呈现出剪应力随剪切位移的增加而不断增大,当增大到一定程度时,增大速率减慢,曲线趋于平缓(B1、B2、C1、C2),存在应变硬化现象。但 D1、D2、B3 等试验曲线产生软化现象,即土样的剪应力达到峰值后,剪应力开始减小。

(2)表 7-11 反映同一段城墙土体的黏聚力与内摩擦角基本不变,但不同段城墙土体的黏聚力和内摩擦角有所区别。D、E 段的黏聚力偏大,为 8~9 kPa;内摩擦角为 28.18°~28.26°;B 段的黏聚力在 4.00~5.99 kPa,内摩擦角为 25.61°~25.97°。A 段的黏聚力为 1.38~2.14 kPa;内摩擦角为 25.37°~25.52°。C 段的黏聚力为 0.76~1.52 kPa;内摩擦角为 27.22°~27.54°。

（3）表 7-12 为不同含水率条件下遗址土样的直剪试验参数。对于不同含水率的直剪试验来说：A 段土体随着含水率的增加，其黏聚力从 26.67 kPa 减小至 13.47 kPa；内摩擦角也有小幅度降低，从 27.34°减小至 24.37°。B 段随着含水率的增加，黏聚力单调减小，从 5% 含水率下的 42.55 kPa 减小至饱和状态下的 4.78 kPa，内摩擦角基本不变。C 段城墙土体黏聚力从 43.84 kPa 减小至 12.85 kPa；内摩擦角也有小幅度降低，从 26.22°减小至 24.98°。D 段土体随着含水率的增加，其黏聚力减小，从 55.75 kPa 减小至 24.86 kPa；内摩擦角也有小幅度降低，从 28.35°减小至 25.16°。

随着含水率的增大，内摩擦角逐渐降低。其原因可以从土与水相互作用的角度来考虑，饱和度越大，含水率越大，土粒中以自由水存在的水分子越多，对土粒间的润滑作用就越大，所以内摩擦角随含水率增加而呈减小趋势。而分析黏聚力的变化规律认为，粉质黏性土颗粒间公共水化膜的联结力对黏聚力的产生具有重要的作用。因而，粉质黏性土的黏聚力随着含水率的不同而变化较大；含水率越小，公共水膜联结力越大，黏聚力也越强。所以，粉质黏性土的抗剪强度较高；反之，含水率越大，黏聚力越小，抗剪强度也随之降低。

从城墙修复保护工程角度来说，水是影响城墙土体抗剪强度与模量的重要因素。从上述结果也可以看出，含水率对于城墙土体强度参数的劣化作用十分显著，尤其是黏聚力的影响。因此，城墙保护修复工程中应注意加强防排水措施，减小水在城墙顶部与城墙根部的聚集，从而维持城墙本体含水率不发生大幅增加。同时，采取一些城墙坡面保护措施，减小城墙土体的渗透系数。

7.3.1.10　固结试验

固结试验方法及步骤见 3.13 节。试验结果如表 7-13 所示。

表 7-13　固结试验结果（饱和）

取土位置		压缩系数（MPa^{-1}）	压缩模量（MPa）
A	A-①	0.139	12.0
	A-②	0.127	13.2
	A-③	0.205	8.2
	A-④	0.186	9.2
B	B-①	0.170	9.4
	B-②	0.158	10.7
	B-③	0.165	9.6
	B-④	0.190	8.8
C	C-①	0.092	16.5
	C-②	0.086	17.6
	C-③	0.126	12.9
	C-④	0.094	15.7
	C-⑤	0.100	14.8

续表 7-13

取土位置		压缩系数（MPa^{-1}）	压缩模量（MPa）
D	D－①	0.088	17.0
	D－②	0.067	22.4
	D－③	0.066	22.7
E	E－①	0.076	20.7
	E－②	0.075	20.0

由表 7-13 可知，根据《土工试验方法标准》（GB/T 50123—1999）中规定土的压缩系数在小于 0.1 MPa^{-1} 时为低压缩性土，大于 0.1 MPa^{-1} 且小于 0.5 MPa^{-1} 时为中压缩性土；压缩模量大于 4 MPa 且小于 15 MPa 时为中等压缩性土，大于 15 MPa 时为低压缩性土体。城墙土体属于中、低压缩性土。由表 7-13 可知：

（1）A 段土样的压缩系数在 0.127 ~ 0.205 MPa^{-1}，压缩模量在 8.2 ~ 13.2 MPa，为中等压缩性土。

（2）B 段土样的压缩系数在 0.158 ~ 0.190 MPa^{-1}，压缩模量在 8.8 ~ 10.7 MPa，为中等压缩性土。

（3）C 段③点压缩模量为 12.9 MPa，⑤点压缩模量为 14.8 MPa，③点与⑤点为中等压缩性土，其他三点为低压缩性土。

（4）D 段土样的压缩系数在 0.066 ~ 0.088 MPa^{-1}，压缩模量在 17.0 ~ 22.7 MPa，为低压缩性土。

（5）E 段土样的压缩系数在 0.075 ~ 0.076 MPa^{-1}，压缩模量在 20.0 ~ 20.7 MPa，为低压缩性土。

7.3.1.11　渗透试验

渗透系数是一个代表土的渗透性强弱的定量指标，也是渗流计算时必须用到的一个基本参数。渗透系数是综合反映土体渗透能力的一个指标，其数值的正确确定对渗透计算有着非常重要的意义。按照 3.11 节中试验方法及步骤对各断面遗址土进行渗透试验，试验结果见表 7-14。

表 7-14　渗透试验结果

取土位置		渗透系数（cm/s）
A	A－①	0.000 076
	A－②	0.000 049
	A－③	0.000 063
	A－④	0.000 051
B	B－①	0.000 068
	B－②	0.000 046
	B－③	0.000 076
	B－④	0.000 037

续表 7-14

取土位置		渗透系数（cm/s）
C	C–①	0.000 057
	C–②	0.000 083
	C–③	0.000 044
	C–④	0.000 027
	C–⑤	0.000 037
D	D–①	0.000 095
	D–②	0.000 087
	D–③	0.000 074
E	E–①	0.000 008 2
	E–②	0.000 006 8

由表 7-14 可知，E 段中遗址土的渗透系数为 0.000 006 8 和 0.000 008 2，比其他断面遗址土的渗透系数小了一个数量级。这是由此段土样中黏粒略多所致。

7.3.1.12　崩解试验

土的崩解性可用崩解所需时间、崩解速度、崩解量和崩解方式来表达。它与土的粒度成分、矿物成分、结构联结、水的化学成分等关系密切。采用 3.10 节中的试验方法对典型断面土样进行崩解试验。

试验发现土遇水崩解的过程具有明显的阶段性。第一阶段是试样的浸湿阶段，试块的空（孔）隙中有气泡溢出，崩解形式主要为浸水面上的部分土颗粒以散粒或鳞片状的单粒形式陆续崩离母体，即以崩离作用为主；第二阶段是试样的软化阶段，空（孔）隙中仍有大量气泡溢出，而此时空（孔）隙壁的土已经被浸湿软化，因此在气泡溢出的同时空（孔）隙的出口端（段）土颗粒在气泡的推动下发生剥落，更有一些构成土孔隙壁的小块体单元在气泡膨胀力的作用下迸散而剥离母体，即发生所谓"迸离作用"，此时在浸水面上仍伴有部分崩离现象发生；第三阶段试样浸水面附近的空（孔）隙已完全被水充满，气泡减少，其周围土也已被充分浸润软化，开始出现一些较大范围呈黏塑态的土块体与呈稠塑或半固态的母体之间以塌落的形式发生解离，此时崩解的主要形式为解离作用。

在 10 s 时土样冒出大量气泡，30 s 时土颗粒开始崩离母体并且持续有气泡冒出，50 s 时土体开始软化迸散剥离母体，80 s 时土样塌落开始解离。

土的崩解速率随天然含水率的增大而减小，当含水率增加到一定程度后，崩解性几乎消失。对于同一种土，天然含水率成为影响其崩解性的首要因素。土的结构性表现在颗粒结构和空（孔）隙、裂隙结构两方面。颗粒结构主要反映在其粒度成分上。一般地，粗粒越多崩解性越强，黏粒越多则崩解性越弱，崩解速率越慢。

城墙内部夯土尽管在天然状态下保持着较高的强度，但由于其对水的敏感性，易在有暴雨等水环境中产生崩解和垮塌破坏，同时暴雨的积水所致毛细作用亦不容忽视。因此，应特别注意对城墙内部夯土的隔水保护,这在一定程度上对城墙表层加固与修复技术提出了更高要求。同时,需增加城墙根部相关排水设施,减小毛细作用的不利影响。

7.3.2 郑韩故城遗址土的易溶盐测试

土中含有的易溶盐为氯盐、硫酸盐、碳酸盐。采用 5.4 节中测试方法及步骤对典型断面土样的易溶盐进行测试,测试结果如表 7-15 所示。

表 7-15 盐分试验结果

取土位置	离子成分	含量(mg/kg)	总盐量(%)
A	CO_3^{2-}	0	0.321
	HCO_3^-	260	
	Cl^-	29	
	Ca^{2+}	90	
	Mg^{2+}	10	
	SO_4^{2-}	43	
B	CO_3^{2-}	0	0.433
	HCO_3^-	239	
	Cl^-	207	
	Ca^{2+}	107	
	Mg^{2+}	9	
	SO_4^{2-}	31	
C	CO_3^{2-}	0	0.241
	HCO_3^-	217	
	Cl^-	36	
	Ca^{2+}	127	
	Mg^{2+}	11	
	SO_4^{2-}	104	
D	CO_3^{2-}	0	0.422
	HCO_3^-	260	
	Cl^-	57	
	Ca^{2+}	86	
	Mg^{2+}	10	
	SO_4^{2-}	37	

续表 7-15

取土位置	离子成分	含量(mg/kg)	总盐量(%)
E	CO_3^{2-}	0	0.362
	HCO_3^-	213	
	Cl^-	32	
	Ca^{2+}	112	
	Mg^{2+}	10	
	SO_4^{2-}	87	

从表 7-15 可以看出,A 段中的碳酸氢根离子含量达到 260 mg/kg,钙离子含量为 90 mg/kg 其他离子含量均在 50 mg/kg 以下,总盐量为 0.321%;B 段中氯离子与钙离子的含量明显增加,氯离子含量达到 207 mg/kg,钙离子含量达到 107 mg/kg,总盐量为 0.433%; C 段中氯离子含量又减小至 36 mg/kg,总盐量为 0.241%;D 段中碳酸氢根离子含量达到 260 mg/kg,氯离子含量达到 57 mg/kg,钙离子含量达到 86 mg/kg,总盐量为 0.422%;E 段中碳酸氢根离子含量为 213 mg/kg,氯离子含量达到 32 mg/kg,总盐量为 0.362%。

其中,有机质含量较小,仅占总质量的 1% 左右。

根据《公路土工试验规程》(JTG E40—2007),在公路工程中,一般地表下 1.0 m 深的土层内易溶盐平均含量大于 0.3% 的土称为盐渍土。从表 7-15 可以看出,城墙本体土总盐含量为 0.356%,在已测得的易溶盐成分中,易溶盐含量最高约为 0.06%,远小于盐渍土 0.3% 的含量要求。总体来说,城墙土体易溶盐含量较低,但在现场勘查过程中发现,在城墙根部 0.5 ~ 0.8 m 范围内,表面有白色结晶体存在,这可能是由盐分的富集作用所致,故对于盐胀等病害作用不容忽视。

7.3.3　郑韩故城遗址土的微观结构测试

7.3.3.1　X 射线衍射试验

土体矿物主要由原生矿物和黏土矿物组成。一般认为,原生矿物一般是构成粉粒组的主要成分,而黏土矿物是构成黏粒组的主要成分。相对于原生矿物,黏土矿物吸附力较强,且有相对较高的亲水性。采用 6.2 节中的测试方法及步骤对郑韩故城典型断面遗址土进行测试。

晶体的 X 射线衍射图像实质上是晶体微观结构的一种精细复杂的变换,每种晶体的结构与其 X 射线衍射图之间都有着一一对应的关系,其特征 X 射线衍射图谱不会因为它种物质混聚在一起而产生变化,这就是 X 射线衍射物相分析方法的依据。制备各种标准单相物质的衍射花样并使之规范化,将待分析物质的衍射花样与之对照,从而确定物质的组成相,这就是物相定性分析的基本方法。鉴定出各个相后,根据各相花样的强度正比于各组分存在的量(需做吸收校正者除外),就可对各种组分进行定量分析。目前常用衍射仪法得到衍射图谱,参考粉末衍射标准联合会(JCPDS)编辑出版的《粉末衍射卡片印 DF 卡片》进行物相分析。图 7-11 所示为土的衍射图谱,测试结果见表 7-16。

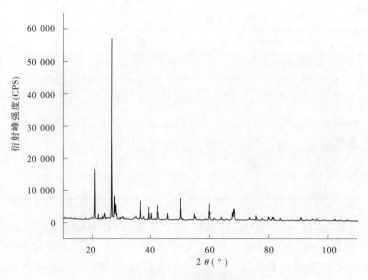

图 7-11　X 射线衍射图谱

表 7-16　矿物成分分析

样品编号	土样矿物成分及含量(%)					
	石英	长石	高岭石	伊利石	蒙脱石	方解石
A - ①	30	10	25	20	5~10	10
A - ②	35	10	30	20	5~10	10
B - ①	25	10	20	15	5	15
B - ②	30	10	25	15	5	15
C - ①	30	10	25	20	5~10	10
C - ②	25	10	30	20	5	15
D - ①	25	10	30	10	5	15
D - ②	30	10	25	20	10	10
E - ①	25	10	25	20	5	10
E - ②	35	10	30	20	5 - 10	15

　　从表 7-16 可以看出,保护区段遗址土样矿物中原生矿物与黏土矿物所占比例基本相当,其中黏土矿物最高占约 60%。该土中次生矿物(黏土矿物)主要以伊利石、蒙脱石为主,同时含有少量的绿泥石、高岭石等。由于伊利石、蒙脱石相邻晶胞之间具有较强的氢键连接,结合较弱,水分子容易自由渗入,同时这类矿物的比表面积较大,亲水性较强,工程中容易出现遇水湿陷的现象,工程地质条件差。此外,由于不同黏土矿物成分的土粒具有不同的亲水性能,其膨胀性也有显著差异。研究表明,土中黏土矿物成分蒙脱石含量越多,其膨胀潜势越强,自由膨胀率越大。郑韩故城城墙土体蒙脱石含量为 10% 左右,含量较少,故其膨胀特性可忽略。

7.3.3.2　扫描电子显微镜分析

　　对各断面典型土样进行扫描电子显微镜测试,测试方法及步骤见 6.3 节。各断面扫描电子显微镜图片如图 7-12 所示。

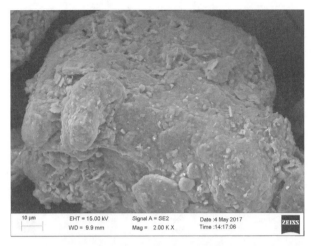

（a）A 段扫描电子显微镜图

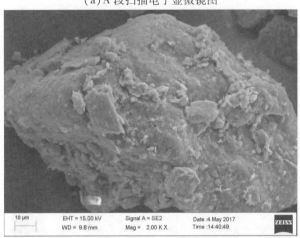

（b）B 段扫描电子显微镜图

（c）C 段扫描电子显微镜图

图 7-12 遗址土的扫描电子显微镜图

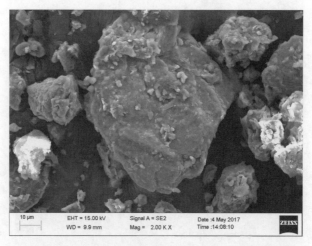

(d)D 段扫描电子显微镜图

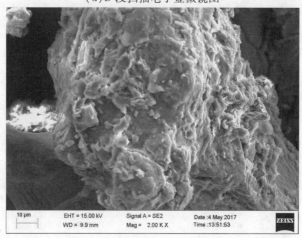

(e)E 段扫描电子显微镜图

续图 7-12

从图 7-12 可以发现,保护区段遗址土的微观结构表现出典型的粉土或粉质黏土特征。土的微观结构整体呈团粒结构,也有少量的絮凝状结构。相对于团粒结构,絮凝状结构会形成较大的黏聚力。从 A~D 段土样的微观结构可以看出,土中的粉粒含有大体积的颗粒聚集体,直径普遍为 50~100 μm,这样的大团粒造成土的液塑限值和塑性指数不高。这些大的团粒彼此以点—点的接触形式联结,也有单独存在的团粒,导致土存在一定的湿陷性和崩解性,因此工程中应注意水对其力学性质的不利影响。同时,基于电镜试验,采用相对较大的放大倍数观察团聚体可以发现,这些团聚体的表面凹凸不平,一些碎屑的黏土矿物和扁平状的颗粒紧密粘贴在大体积的聚集体上,这样的结构可能是造成该类土具有相对较高的内摩擦角的一个重要原因。此外,在 SEM 图像中还可以清晰看到一些未风化的原生矿物,该结果与矿物分析结果也是吻合的。另外,虽然 A~D 段的微观结构整体结果呈相对稳定的团粒结构,但由于团粒间接触并不是典型的胶体联结,因此呈现相对较弱的联结力;在 A~D 段的 SEM 图中同样也可以看到一些数微米的片状颗粒,这些碎屑颗粒的存在也会影响土的水稳性及力学性质。

7.3.3.3　不同制样条件下土的微观结构差异性分析

土微结构主要包含了颗粒表观特征、颗粒的大小及排列方式、土中孔隙的数量大小以及颗粒间的接触方式等。研究手段与科学测试技术的提升密切相关,已逐步从定性分析转向定量研究。目前对于观测土微结构的测试方法较多,主要差别在于其研究内容与对象的差异。电子显微镜法及计算机图像分析法不仅能观测到颗粒的形态特征及排列分布,还能对孔隙分布规律进行定量分析。所以,取各断面混合土,在不同制样条件下对其微观结构进行分析,为郑韩故城土遗址的夯补修复提供借鉴。

采用 Image – Pro Plus(IPP)图像处理软件对不同含水率土体的微结构进行分析。Image – Pro Plus(IPP)是美国 Media Cybernetics 公司所开发的图像处理软件,能够对颗粒形态、数量、孔隙面积、孔隙大小等变量进行测量,还可以对图像进行合理有效的处理。图像处理主要是尽量减少对图像信息提取有影响的因素,提高图像效果,增强图像的对比度以及清晰度。图像处理分析主要包含了图像变换、图像增强、图像对比度调节、图像滤波、噪声处理、图像二值分割处理以及对微结构参数测量统计等环节,图像处理前后对比见图 7-13。

1. 微结构研究对象

微结构的研究由于其技术手段和研究意义的差异,研究对象的选取也大不相同。土体微结构的研究主要在于颗粒及孔隙的特性研究,颗粒与孔隙的分布排列呈现复杂多样性,其宏观特性的变化也许需要多个微结构参数来表达,这些参数之间又是非独立,相互联系的。测试主要对颗粒单元体的形态特性及排列特征、孔隙的形态及排列特征、微结构的连接方式等进行分析研究。

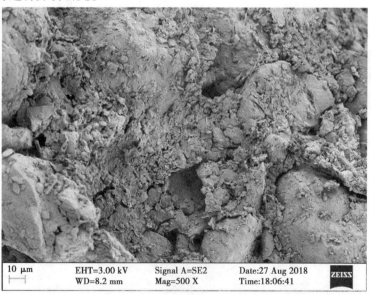

(a)原始图

图 7-13　原始图与二值图对比

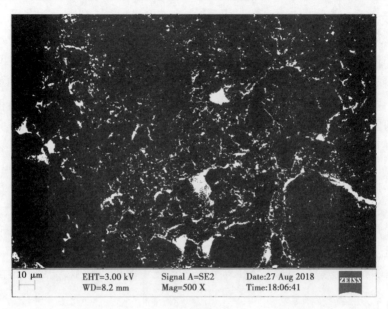

| 10 μm | EHT=3.00 kV | Signal A=SE2 | Date:27 Aug 2018 | ZEISS |
| | WD=8.2 mm | Mag=500 X | Time:18:06:41 | |

(b)二值图

续图 7-13

2. SEM 图像选取

　　为深入分析土体特征,通过场发射扫描电子显微镜获得不同放大倍数下的图像,进一步分析在不同制样条件及含水率下土体微结构的整体与局部表观形态特征。图 7-14(a)~(d)分别为放大 500 倍、1 000 倍、2 000 倍、5 000 倍下获得的 SEM 图像。由此可知,放大 500 倍和 1 000 倍的图像中,土颗粒及孔隙的微观形态特征较为清晰,易于观察;放大 2 000 倍和 5 000 倍的图像中,整个图像中只能看到较少的颗粒及孔隙,但可以清楚地反映土体微结构的接触形式。从图 7-14 中可以看出,粉土粒径比较单一,以粉粒为主,其颗粒形态包含圆形、扁平状及椭圆形等。可认为粉土为粒状结构土,主要以粉粒结构骨架,少

| 10 μm | EHT=5.00 kV | Signal A =SE2 | Date:27 Aug 2018 | ZEISS |
| | WD=6.3 mm | Mag=500 X | Time:16:21:26 | |

(a)500 倍扫描电子显微镜图

图 7-14　不同放大倍数下的 SEM 图像

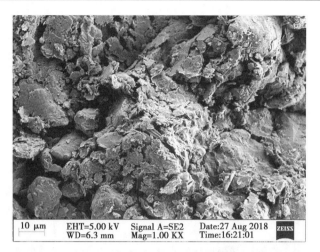

(b)1 000 倍扫描电子显微镜图

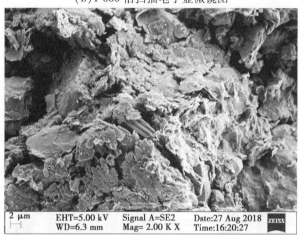

(c)2 000 倍扫描电子显微镜图

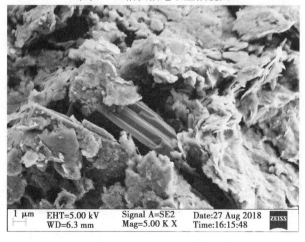

(d)5 000 倍扫描电子显微镜图

续图 7-14

量黏粒附着或连接在粉粒间,部分黏粒包裹在粉粒或碎屑粒表面形成微团聚体。因此,选取 500 倍和 5 000 倍的图像对不同制样条件下的土样的微观结构进行分析,并对 500 倍的图像进行微观定量描述。

3. 不同含水率条件下遗址土的微结构定性分析

烘干法下不同含水率 SEM 图像如图 7-15 所示,图 7-15(a)~(g)分别为 0.8% ~ 20.0% 含水率对应的微观图像。

图 7-15(a)为 0.8% 含水率时土样的 SEM 图像,在放大 500 倍图像上可知,颗粒包含了圆形、扁平形及椭圆形等形状,整体上粒径分布较为均匀,颗粒排列紧密,可以明显看出大量的黏粒填充在粉粒间,将粉粒良好地联结在一起。颗粒间基本无大孔隙,具有较少的小孔隙。在放大 5 000 倍图像上可以看出,粉粒上附着的黏粒呈层状结构,以面—面接触方式为主。

图 7-15(b)、(c)、(e)所示分别为含水率 5.1%、8.2%、10.8% 的微观图像,在放大 500 倍图像上可知,颗粒整体粒径相差不大,随含水率的增加颗粒仍呈较为紧密的排列,大量的黏粒包裹于粉粒上,形成较多的碎屑颗粒及小团聚体。但随着含水率的增加,颗粒间架空孔隙数量逐渐增多,且孔隙面积逐渐增大。在放大 5 000 倍图像中可知,含水率由

(a)0.8% 含水率 SEM 图像 500 倍(左)与 5 000 倍(右)

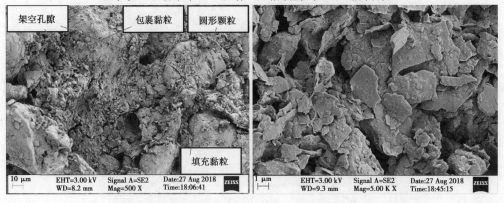

(b)5.1% 含水率 SEM 图像 500 倍(左)与 5 000 倍(右)

图 7-15　不同含水率 SEM 图像

（c）8.2% 含水率 SEM 图像 500 倍（左）与 5 000 倍（右）

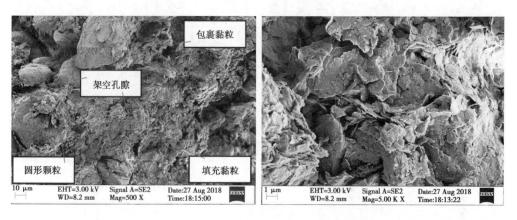

（d）10.8% 含水率 SEM 图像 500 倍（左）与 5 000 倍（右）

（e）14.2% 含水率 SEM 图像 500 倍（左）与 5 000 倍（右）

续图 7-15

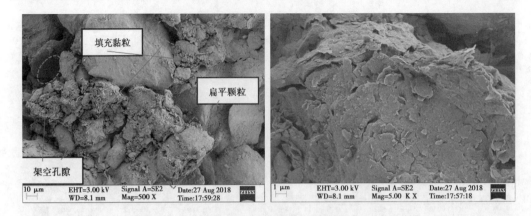

(f)17.1%含水率 SEM 图像 500 倍(左)与 5 000 倍(右)

(g)20.0%含水率 SEM 图像 500 倍(左)与 5 000 倍(右)

续图 7-15

5.1%增加至 10.8%,颗粒边角清晰可见,碎屑颗粒呈片状结构,且逐渐增多,颗粒间由面—面接触逐渐向边—面、边—边接触方式变化,颗粒间的联结力逐渐降低,还可以看出颗粒间孔隙及颗粒内孔隙逐渐增多。

图 7-15(e)、(f)、(g)分别为 14.2%、17.1%、20.0%含水率下试样微观图像,从放大 500 倍图像中观测可知,颗粒粒径随含水率增加呈逐渐增大趋势,颗粒排列逐渐呈松散状态,由于含水率的增大,较多的黏粒与粉粒结合形成碎屑颗粒或小团聚体,这些团聚体堆叠在一起并不能形成很好的联结,并且逐渐形成较多的架空孔隙,导致土体强度逐渐下降。在 5 000 倍图像中可以看出,随着含水率的增大,颗粒的排列呈一定的方向性,颗粒内的孔隙逐渐增多,主要以边—边、点—点接触方式为主。

4. 不同含水率条件下遗址土的微结构定量分析

采用 Image–Pro Plus(IPP)图像处理软件定量统计出不同含水率土体的微结构信息,研究包含孔隙大小、数量及角度,并据此对不同含水率土样的等效直径、孔隙度及定向频率进行分析。

1)孔隙等效直径 D

根据 IPP 软件统计结构,孔隙大小占比随含水率的变化规律如表 7-17 及图 7-16 所示,平均等效直径及抗剪强度随含水率的变化规律见图7-17。

表7-17　孔隙大小含量随含水率的变化规律

含水率(%)	各类孔隙(D)所占百分比			
	<5 μm	5～10 μm	10～20 μm	≥20 μm
0.8	97.9	1.9	0.2	0.0
5.1	96.5	2.8	0.7	0.0
8.2	95.3	4.0	0.7	0.0
10.8	95.5	3.9	0.6	0.0
14.2	95.1	3.1	1.5	0.3
17.1	94.6	4.0	1.2	0.2
20.0	94.8	2.3	2.1	0.8

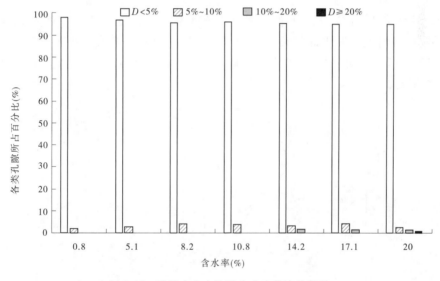

图7-16　孔隙大小占比随含水率的变化规律

　　由表7-17及图7-16可知,土体中孔隙的等效直径主要分布在 10 μm 以内,其中微小孔隙含量最多,占比高达97%。随着含水率的增大,微孔隙表现为逐渐减小的变化规律,小孔隙则呈先增大后减小的变化趋势,中大孔隙呈逐渐增大的趋势。试样在成型时的结构一样,在烘干呈不同含水率的过程中,自由水逐渐减小,孔隙水压力逐渐消失,颗粒间连接逐渐紧密,孔隙逐渐变小,且孔隙的变化规律与观察图7-15中SEM图像所得规律相吻合。这是由于土体在烘干过程中,土颗粒间自由水逐渐减少,颗粒逐渐收缩形成紧密结构,较大孔隙的逐渐减少使得颗粒间的接触以面—面接触为主,强度逐渐增大。由图7-17可知,孔隙平均等效直径随含水率的增加呈较为均匀的增大趋势,烘干过程中颗粒的收缩挤压,使得较大直径的孔隙消失或分解为微小孔隙,使得抗剪强度与平均等效直径呈现负相关的变化规律。

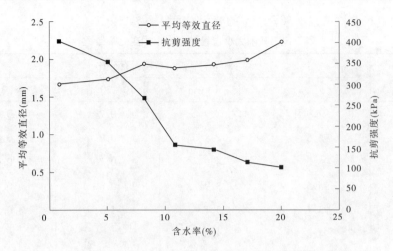

图 7-17　平均等效直径及抗剪强度随含水率的变化规律

2) 孔隙度 N

通过软件统计,并依据统计结果得到孔隙度及抗剪强度随含水率的变化规律,如图 7-18 所示。由图 7-18 可知,孔隙度随含水率的增加呈逐渐增大的变化规律,尤其是在含水率 5% ~ 15% 波动较大,随着含水率的增加,土体抗剪强度逐渐较小,与孔隙度变化趋势呈负相关。

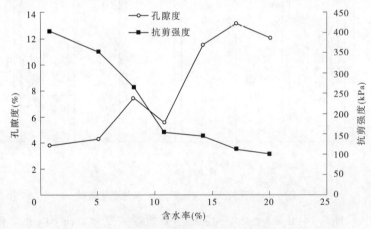

图 7-18　孔隙度及抗剪强度随含水率的变化规律

3) 定向频率 $F_i(\alpha)$

烘干法下不同含水率土体孔隙定向频率分布规律见表 7-18 及图 7-19。图 7-19(a) ~ (g)分别为 0.8% ~ 20.0% 含水率下土体孔隙定向频率分布雷达图。由表 7-18 及图 7-19 可知,在试样烘干为不同含水率过程中其孔隙定向频率分布规律存在一定的差异,0.8%、8.2% 及 17.1% 含水率下孔隙角度分布较为均匀,5.1% 含水率下孔隙角度主要分布在 160° ~ 180°,10.8% 含水率下孔隙角度主要分布在 80° ~ 100°,14.2% 含水率下孔隙角度主要分布在 80° ~ 100°、100° ~ 120°,在 20.0% 含水率下孔隙角度优势区间为 80° ~ 100°。

表 7-18　不同含水率下孔隙定向频率分布规律

含水率（%）	不同孔隙角度频率分布（%）								
	<20°	20°~40°	40°~60°	60°~80°	80°~100°	100°~120°	120°~140°	140°~160°	160°~180°
0.8	11.58	11.78	12.74	10.23	9.07	12.36	10.81	9.46	11.97
5.1	7.14	8.61	11.54	13.00	13.19	11.54	10.26	10.81	13.92
8.2	10.95	9.52	13.11	11.67	12.57	13.64	13.29	7.90	7.36
10.8	7.46	8.74	13.01	15.35	18.76	11.30	8.96	8.10	8.32
14.2	9.20	10.34	9.36	10.84	13.79	15.11	10.84	10.34	10.18
17.1	8.98	10.35	11.42	13.55	13.85	10.35	11.11	10.05	10.35
20.0	7.31	9.14	10.18	14.10	20.10	13.32	10.18	9.66	6.01

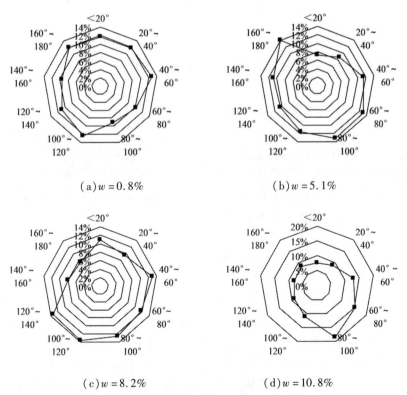

图 7-19　不同含水率下孔隙定向频率分布规律

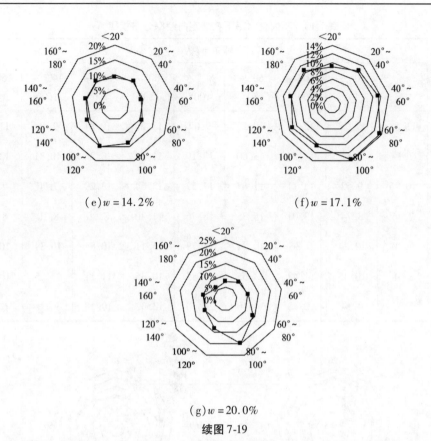

(e)$w=14.2\%$ (f)$w=17.1\%$

(g)$w=20.0\%$

续图 7-19

通过不同含水率条件下遗址土的微结构定量分析可知,烘干法下随含水率的增加微孔隙逐渐减少,中大架空孔隙逐渐增多,土体微结构由紧密排列逐渐发展为松散结构;烘干法下孔隙平均等效直径随含水率的增加呈现增大趋势,抗剪强度与平均等效直径呈现负相关的变化规律;孔隙度随含水率的增加呈逐渐增大的变化规律,土体抗剪强度变化趋势与孔隙度呈负相关;孔隙定向频率分布规律存在一定的差异,低含水率下孔隙角度分布较为均匀,高含水率时孔隙角度分布则呈现出优势区间。

7.4 土工测试参数在古城墙稳定性分析中的应用

降雨入渗条件下城墙的稳定性分析是古城墙工程安全评价的重要依据,对城墙的保护和加固具有重要的意义。以郑韩故城北城墙 A~E 段勘察报告、地形图及剖面图为原型依据,利用城墙本体物理力学土工测试参数,通过 ABAQUS 有限元软件对不同工况下城墙本体的稳定性进行分析,为保护区段城墙的加固与防护提供指导意见。

岩土工程分析中,由于岩土体本构关系的非线性,荷载及边界条件的复杂性,用解析方法求解难度较大,通常采用数值方法进行分析,数值分析结果是岩土工程师对工程问题进行判别的重要依据。有限元法可以在计算中真实地反映材料的非线性本构关系,能实现各种复杂的边界条件,是岩土工程分析中最常用的方法。

通过 ABAQUS 有限元分析软件,分析降雨对城墙渗流场的影响,并基于强度折减法,分析降雨对城墙稳定性的影响,进一步探讨和分析城墙的失稳机制。利用强度折减法分析城墙的稳定性,比传统的极限平衡法更加快捷、方便,计算结果也更加接近实际情况。强度折减法的优点主要有以下几个方面:

(1)具有有限元分析的优点,可以不必假设土条为刚体。

(2)可以考虑城墙岩土体的非线性本构关系,更加贴合岩土体的破坏形式。

(3)能够实现复杂地质、地貌条件下(例如节理、裂隙、断层、软弱夹层等)墙体的稳定性分析。

(4)不需要假定滑坡的滑移面,无需进行条分。

(5)能够考虑施工过程以及各种支挡结构的作用。

所以,强度折减法在城墙稳定性分析中的应用迅速发展,已成为一种新的趋势。

采用有限元强度折减法分析城墙稳定性的基本思想是在弹塑性有限元计算中,将城墙岩土体抗剪强度参数逐渐降低至达到破坏状态,程序可自动根据弹塑性计算结果得到破坏滑动面以及相应的安全系数。将岩土体强度指标 c、φ 值同时除以一个折减系数 K,得到一组新的 c'、φ' 值,然后作为新的材料参数代入有限元进行试算,当坡体符合给定的临界破坏状态判定条件时,对应的 K 称为城墙的安全系数。其中,参数 c'、φ' 分别由式(7-1)、式(7-2)求得,而弹性模量 E、泊松比 μ 在计算中假设为定值,不随 c、φ 值的改变而变化。

$$c' = c/K \tag{7-1}$$
$$\tan\varphi' = \tan\varphi/K \tag{7-2}$$

传统的城墙稳定极限平衡法采用 Mohr – Coulomb 屈服准则,安全系数定义为沿滑动面的抗剪强度与滑动面上实际剪应力的比值。事实上,有限元强度折减法在本质上与传统方法是一致的。根据有限元强度折减法的基本思想,强度折减法城墙稳定计算得以顺利进行必须明确以下两点:

(1)塑性增量本构关系,由屈服函数、流动法则和硬化规律 3 个基本部分组成。计算塑性应变增量,首先需确定材料的屈服条件并选取材料所服从的流动法则(关联流动还是非关联流动),以确定塑性势函数,然后确定材料的硬化规律。对于理想弹塑性材料其硬化参数为零。

(2)城墙失稳判据,即以何种标准作为城墙已经失稳或程序停止迭代的依据。

在采用强度折减有限元法计算城墙稳定安全系数时,联合采用特征点处的位移突变和塑性区是否贯通等作为城墙失稳的判据,并且在用特征点位移突变作为判据时,应尽量在坡顶和坡趾处的特征部位设立多个观察点,以考察其位移与塑性区随强度折减系数的变化规律。在用折减系数法求解城墙稳定问题时,采用的是理想弹塑性模型,屈服准则同样采用 Mohr – Coulomb 破坏准则。

7.4.1　非饱和渗流理论

7.4.1.1　饱和土渗流达西定律

法国水力学家 H. P. G Darcy 在 1852 ~ 1855 年期间,利用大量试验研究分析得出了渗

流速度 v 和水利梯度 ∇h 成正比的达西定律：

$$v = -k_s \nabla h \tag{7-3}$$

式中：h 为总水头势，$h = z + h_w$，表示该点的位置势，h_w 为该点的压力势；k_s 为介质饱和渗透系数；v 为流体在介质中的流速；∇h 为水力梯度矢量。

7.4.1.2　非饱和土壤水流的达西定律

达西定律是描述水的基本运动规律的方程，不仅适用于饱和土体，而且适用于非饱和土体。饱和土体中渗流系数主要取决于土体的孔隙比和孔隙的连通性，常常假设其为一个常数。而在非饱和土体中，渗透系数不再是一个常数，而是随非饱和土体的体积含水率或饱和度的变化而变化的函数。但是在特定的非饱和度或者是在体积含水率一定的情况下，非饱和土中水的流速与水力梯度成线性比例关系，此时渗透系数就是一个常数，这也说明达西定律在非饱和土中也是适用的。

非饱和土中的达西定律可以表示为

$$v = -k_s \nabla h \tag{7-4}$$

式中，非饱和土壤渗流达西定律与式(7-3)饱和土达西定律外观形式相同，但是渗透系数却有不同的特点。渗透系数的大小主要取决于土体孔隙连通性，在饱和土中，土体全部孔隙由水填充，孔隙连通性高，使土体有较高的渗透性，为了研究问题的方便，常常可以将饱和土体的渗透系数假设为一常数；非饱和土随含水率的不同，孔隙比和饱和度不同，导致土体颗粒间的孔隙填充率不同，因而渗透系数 k 是变化的。通常情况下，由土体的三相关系，我们可以假设，含水率的变化过程中，土体固相体积以及气相和液相的体积之和是不变的，因此土体的孔隙比是不变的。这样饱和度的变化就成为影响非饱和土渗透系数的主要因素，所以非饱和土的渗透系数可以用饱和度（S_r）或者体积含水率（θ_w）的函数 $k_w(\theta)$ 来表示。另外，由于基质吸力的变化主要是由饱和度或者土体含水率所决定的，所以常常用含水率来表示基质吸力的变化函数（土—水特征曲线）。因此，非饱和土体渗透系数 $k_w(\theta)_w$ 也可以通过基质吸力来表示，这样非饱和土体渗透系数可表示为 $k_w(u_a - u_w)$。其中，u_a 为孔隙气压力，u_w 为孔隙水压力，$(u_a - u_w)$ 定义为基质吸力。

在降雨过程中，随着雨水入渗，墙体含水率增加，导致墙体稳定系数减小，其原因是多方面的，林鸿州，于玉贞，李广信等认为降雨对城墙的影响包括增加了墙体的下滑力和减小了城墙土体强度两个方面。本部分将降雨对城墙的稳定性影响加以深入研究，认为降雨对城墙的稳定性影响，主要是由以下五个方面所决定的：一是城墙含水率的增加，直接导致城墙土体强度减小；二是含水率的增加导致城墙土体容重增大，城墙下滑力增大；三是随着含水率的增加，土体颗粒之间的摩擦作用有所减小，导致城墙抗滑力的减小；四是随着含水率的增加，会产生城墙渗流，雨水渗流对城墙有向下的渗透力，使下滑力增大：五是随着雨水入渗到城墙后缘的缝隙，城墙内部形成静水压力，在静水压力的作用下，城墙下滑力增大。因此，本部分从建立土体随降雨入渗过程中强度衰减规律出发，建立土体强度衰减模型，进一步运用有限元分析软件对饱和—非饱和渗流场进行模拟研究，进一步来确定城墙体内渗流场分布和变化规律，来分析渗流场对城墙稳定性影响时，总是假设为饱和状态，不能定量分析雨水入渗过程的影响。运用传统力学方法来分析渗流场对城墙的稳定性影响，不能够很好地考虑流固耦合的作用以及非饱和土中基质吸力的变化等，所以传统方法不能反映城墙内部实际情况,所得计算结果存在较大误差。

7.4.2　模型的建立

根据河南省新郑市旅游和文物局关于郑韩故城北城墙中段保护展示工程立项报告,此次工程对象为郑韩故城北城墙中段部分(以及相交的隔墙),共由五部分组成。

为了方便 ABAQUS 中模型断面的建立,以及识别、命名的方便简洁,将墙体从西至东分别命名为 A、B、C、D、E。从郑韩故城地质勘察资料可知,郑韩故城自西向东逐渐由高变低,由宽变窄,人为破坏因素加强。

在 A~E 五段内选取一定数量且具有代表性的截面建立模型。模型截面的选取情况如表 7-19 所示。选取典型剖面的位置及主要概况列于表 7-20。

表 7-19　模型截面的选取

分段	A 段	B 段	C 段	D 段	E 段
截面选取	01、05、06、07	02、05、08、12	01、02、03、05、08	01、03、05	03

表 7-20　选取典型截面的位置

截面编号	截面位置	主要概况
A – 01	A 段第 1 分段	城墙底部宽度 51.57 m,高度 17.23 m,北侧坡度近似 75°
A – 05	A 段第 5 分段	城墙底部宽度 49.6 m,高度 12.24 m,南、北侧坡度近似 45°
A – 06	A 段第 6 分段	城墙底部宽度 53.43 m,城墙高度 15.15 m
A – 07	A 段第 7 分段	城墙底部宽度 54.13 m,城墙高度 15.22 m
B – 02	B 段第 2 分段	城墙底部宽度 39.08 m,城墙高度 14.52 m
B – 05	B 段第 5 分段	城墙底部宽度 27.9 m,城墙高度 14.18 m
B – 08	B 段第 8 分段	城墙底部宽度 45.4 m, 城墙高度为 12.91 m
B – 12	B 段第 12 分段	城墙底部宽度 30.6 m,城墙高度 9.88 m
C – 01	C 段第 1 分段	城墙底部宽度 38.20 m,城墙高度 14.14 m
C – 02	C 段第 2 分段	城墙底部宽度 35.86 m,城墙高度 13.90 m
C – 03	C 段第 3 分段	城墙底部宽度 37.33 m,城墙高度 9.91 m
C – 05	C 段第 5 分段	城墙底部宽度 38.51 m,城墙高度 9.86 m
C – 08	C 段第 8 分段	城墙底部宽度 41.42 m,城墙高度 11.02 m
D – 01	D 段第 1 分段	城墙底部宽度 35.53 m,城墙高度 7.07 m
D – 03	D 段第 3 分段	城墙底部宽度 28.2 m,城墙高度 6.4 m
D – 05	D 段第 5 分段	城墙底部宽度 17.09 m,城墙高度 6.42 m
E – 03	E 段第 3 分段	城墙底部宽度 26 m,城墙高度 5.88 m (E 段中坡度较陡的一段,坡度达 70°)

7.4.3　有限元参数的选取

7.4.3.1　墙体土质参数选取

根据7.3节中的城墙本体土工测试参数,遗址土的基本物理力学指标较为接近,所以在选取土质参数时,认为城墙同一断面土质参数相同,且各向同性。土的基本参数如表7-21所示。

表7-21　土的基本参数

材料参数						
干密度 （t/m³）	弹性模量 （MPa）	泊松比	黏聚力 （kPa）	摩擦角	重力荷载	孔隙比
1.58 ~ 1.75	50	0.3	8.5 ~ 25.2	25.3° ~ 28.2°	10	0.68

根据城墙本体遗址土的含水率试验可知,遗址土为非饱和土。对于非饱和土,其渗透系数与饱和度有关,而饱和度为基质吸力的函数。在 ABAQUS 软件中,基质吸力与饱和度相关,而饱和度又决定了渗透系数。

1. 饱和度对渗透性能的影响

ABAQUS 软件是以折减系数来考虑饱和度对渗透系数的影响的,经过对重塑土的一系列试验得出以下不同饱和度下渗透系数的折减对应关系。渗透系数随饱和度变化的规律如图 7-20 所示。

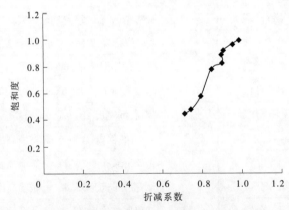

图 7-20　渗透系数随饱和度的变化

2. 饱和度与基质吸力之间的关系

非饱和土的孔隙水压力小于0,负的孔隙水压力反映了材料的毛细吸力(基质吸力)。考虑到土体可能出现吸湿和脱水特性,在某一个基质吸力作用下,土体的饱和度处在一个范围内。

ABAQUS 分析非饱和土问题时,必须指定吸湿曲线、脱水曲线以及在两者之间的变化规律,否则 ABAQUS 会将土体的饱和度取为1,达不到非饱和渗流分析的目的。经过一系列试验得出如下饱和度随基质吸力的变化关系。

饱和度随孔压变化的规律如图 7-21 所示。

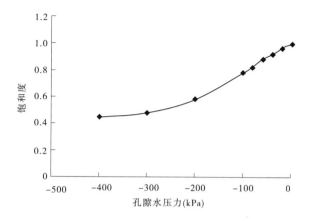

图 7-21　饱和度随孔压的变化

7.4.3.2　降雨参数选取

降雨强度是指单位时间内的降雨量,常用单位为 mm/min 或 mm/h,我国气象部门采用的降雨强度标准为:

（1）小雨:12 h 内总降雨量小于 5 mm,或 24 h 内总降雨量小于 10 mm,即小雨的平均降雨量小于 0.417 mm/h。

（2）中雨:12 h 内总降雨量为 514.9 mm,或 24 h 内总降雨量为 1 024.9 mm,即中雨的平均降雨量为 0.417 ~ 1.25 mm/h。

（3）大雨:12 h 内总降雨量为 1 529.9 mm,或 24 h 内总降雨量为 2 549.9 mm,即大雨的平均降雨量为 1.25 ~ 2.5 mm/h。

查阅本地区近年来的降雨情况如图 7-22 所示。

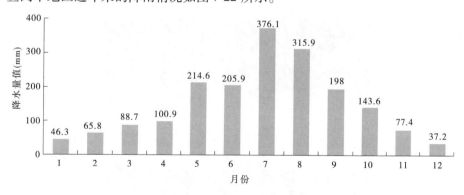

图 7-22　累年各月最大日降雨量

综上,选取降雨量大小为近 20 年单月最大日降雨量,即 7 月降雨量作为极端情况,降雨量为 376.1 mm/d = 15.67 mm/h = 4.353×10^{-6} m/s,坡面的入渗强度 = 降雨量 × cos(相应的坡角)(垂直于坡面法向入渗)。

7.4.3.3　降雨条件下城墙渗流规律及城墙稳定性分析

1. 重力作用下墙体稳定性分析

基于 ABAQUS 软件分析城墙在天然工况下城墙内部的饱和度、孔压及应力作用。此外,通过强度折减法计算城墙的稳定性、安全系数。

2. 降雨入渗过程中城墙的渗流规律

城墙的崩塌及滑落等稳定性问题多发生在降雨季节。从孔隙水压力、渗流速度、饱和度、应力变化等几个方面分析雨水入渗作用下城墙内部渗流情况的变化过程及变化规律。

3. 城墙稳定性分析

ABAQUS 有限元程序具有良好的渗流和变形耦合分析功能,能将渗流场和应力场直接耦合。因此,结合强度折减法,采用 ABAQUS 有限元程序进行稳定渗流作用下城墙的稳定性分析,得到城墙的整体稳定安全系数,给出城墙本体内最危险滑动面的形状和位置。

7.4.4　数值模拟

7.4.4.1　A–01 段

通过降雨前后土体的饱和度和孔压等值线云图可以看出,经过 24 h 强降雨后,孔压分布图与初始状态有很明显的区别。雨水渗入墙体,墙体饱和度增大,以表面的饱和度增大较为明显;孔隙水压力增大,土体浅层的基质吸力减小或消失。由降雨后引起的增量水平位移和竖直位移可以看出,最大水平位移在墙体顶部较为突出的一侧,最大沉降发生在墙体的顶部中间部位。随着降雨入渗的持续,土体含水率和容重会有所增加,导致沉降位移和应力增大。从位移矢量图可以很明显地看出由于降雨入渗的持续,边坡有滑动变形的趋势,可以预见边坡的稳定性是降低的。可以看到在塑性贯通区,降雨前后的破坏位置基本重合,都属于墙体较为薄弱且坡度较大的一侧,可能出现的墙体失稳过程为开始在坡脚出现屈服,然后向上延伸,直到最后塑性区贯通。从图 7-23(h)中分可看出墙体的安全系数是 1.60,且从图 7-24(j)中分析得到降雨之后墙体的安全系数是 1.40,所以 24 h 的降雨对边坡稳定性有一定影响。

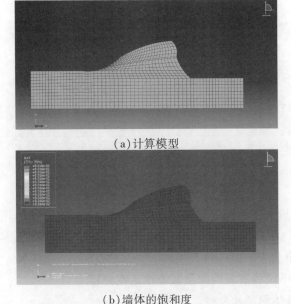

(a)计算模型

(b)墙体的饱和度

图 7-23　郑韩故城北城墙 A–01 断面天然工况下墙体稳定性分析

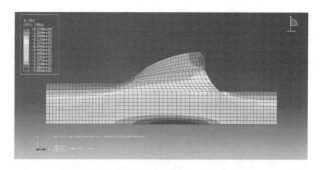

(c)墙体水平应力 S_{11}

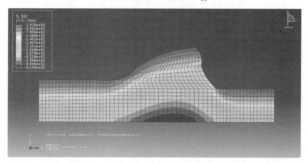

(d)墙体水平应力 S_{22}

(e)墙体稳定性分析塑性面

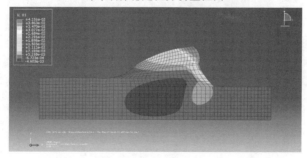

(f)墙体稳定性分析水平位移

续图 7-23

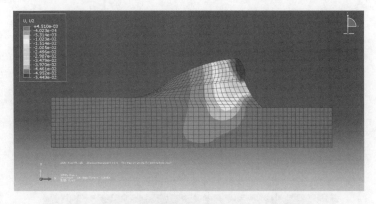

(g)墙体稳定性分析竖向位移

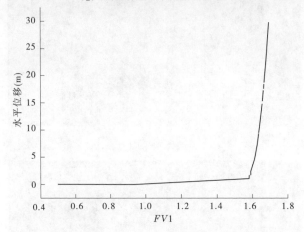

(h)安全系数 $FV1$ 随水平位移的变化关系

续图 7-23

经过 24 h 暴雨之后,城墙孔压、饱和度、塑性区等分布见图 7-24。

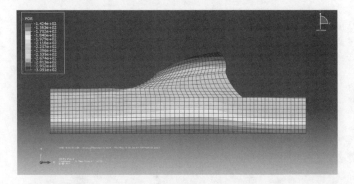

(a)墙体的孔压分布图

图 7-24　郑韩故城北城墙 A–01 断面 24 h 强降雨工况下墙体稳定性分析

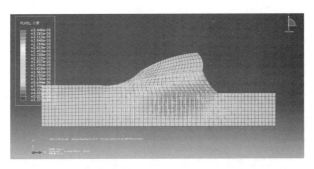

(b)墙体中雨水下渗的流速矢量图

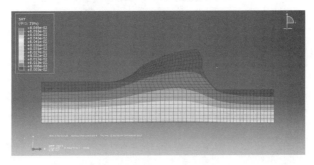

(c)墙体饱和度

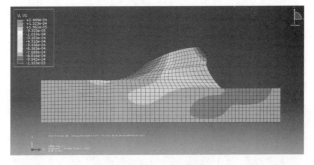

(d)墙体水平位移

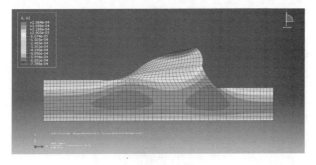

(e)墙体竖向位移

续图 7-24

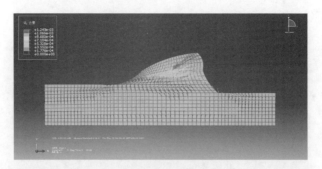

(f)墙体位移矢量图

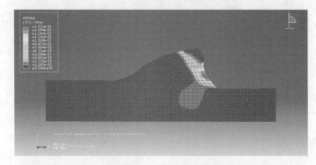

(g)墙体稳定性分析塑性面

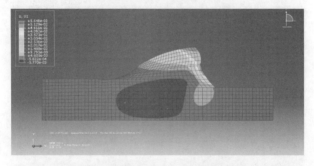

(h)墙体稳定性分析水平位移(破坏后)

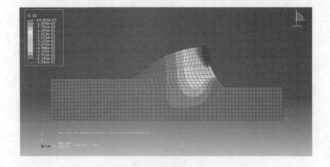

(i)墙体稳定性分析竖向位移(破坏后)

续图 7-24

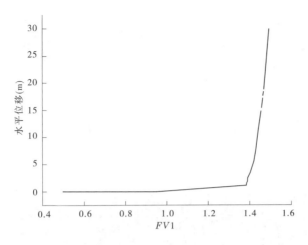

（j）安全系数 *FV*1 随水平位移的变化关系

续图 7-24

7.4.4.2　B-02

经过 24 h 强降雨后,孔压分布图与初始状态有很明显的区别,对比不同时刻的结果云图可以发现,随着雨水渗流进入墙体,墙体的饱和度增大,墙体表面的饱和度增幅较为明显;孔隙水压力增大,土体浅层的基质吸力减小或消失。由降雨后引起的增量水平位移和竖向位移可以看出,最大水平位移在墙体顶部较为突出的一侧,最大沉降发生在墙体的顶部中间部位。随着降雨入渗的持续,土体含水率和容重会有所增加,导致沉降和应力的增加。塑性贯通区在降雨前后的破坏位置基本重合,都属于墙体较为薄弱,且坡度较大的一侧。从图 7-25(h)和图 7-26(j)中同样可以看出 24 h 降雨对边坡稳定性存在一定影响。

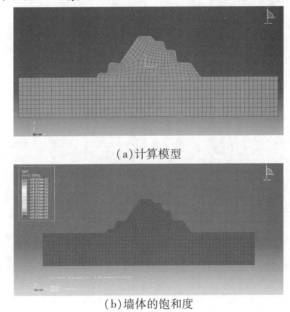

（a）计算模型

（b）墙体的饱和度

图 7-25　郑韩故城北城墙 B-02 断面天然工况下墙体稳定性分析

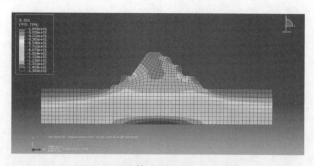

（c）墙体水平应力 S_{11}

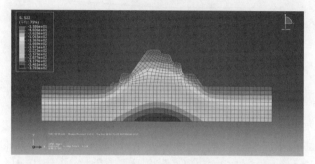

（d）墙体水平应力 S_{22}

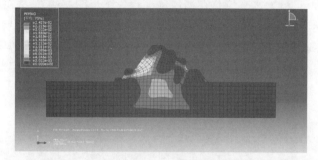

（e）墙体稳定性分析塑性面

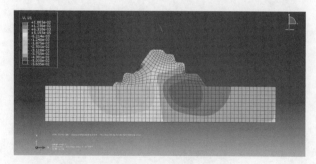

（f）墙体稳定性分析水平位移（破坏后）

续图 7-25

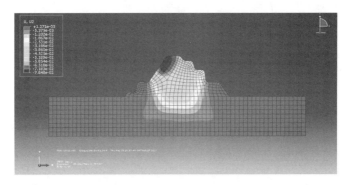

（g）墙体稳定性分析竖向位移（破坏后）

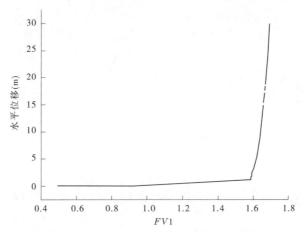

（h）安全系数 $FV1$ 随水平位移的变化关系

续图 7-25

经过 24 h 暴雨级别的降雨之后，城墙孔压、饱和度、塑性区等分布见图 7-26。

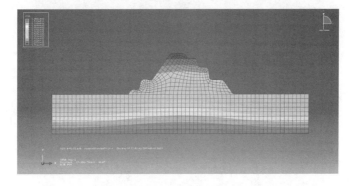

（a）墙体的孔压分布图

图 7-26　郑韩故城北城墙 B－02 断面 24 h 强降雨工况下墙体稳定性分析

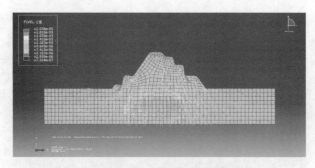

(b)墙体中雨水下渗的流速矢量图

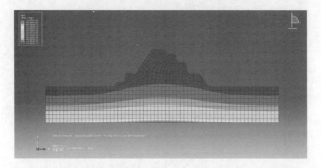

(c)墙体饱和度

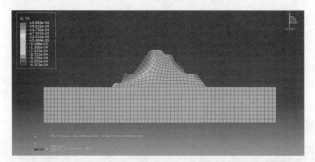

(d)墙体水平位移

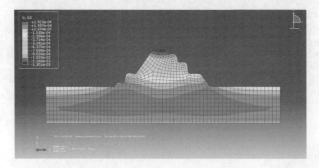

(e)墙体竖向位移

续图 7-26

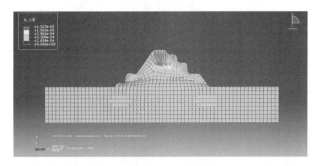

(f)墙体位移矢量图

(g)墙体稳定性分析塑性面

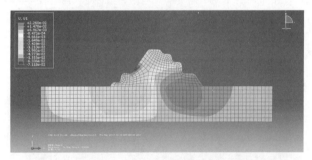

(h)墙体稳定性分析水平位移(破坏后)

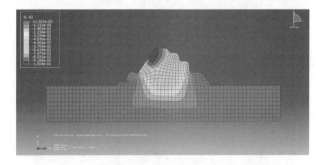

(i)墙体稳定性分析竖向位移(破坏后)

续图 7-26

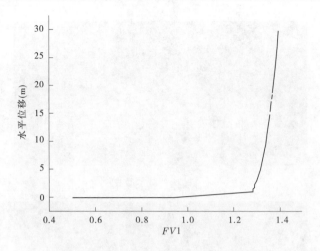

（j）安全系数 $FV1$ 随水平位移的变化关系

续图 7-26

7.4.4.3　C-01

C-01 为 C 段的第 1 个分段（其墙体稳定性分析见图 7-27），城墙 C-01 段 1—1 截面的基底宽为 38.2 m，城墙高度为 14.14 m，相对基底较宽，城墙较高。此截面南侧坡度较缓，存在 D 类病害（表土流失）、F 类病害（灌木杂草），且地表高程较北侧高出近 3 m；北侧墙体较陡，存在 D 类病害（表土流失）等诸多病害，具有较强的代表性，能反映某些位置城墙的现状。城墙本体入渗规律、饱和度变化情况、塑性区发展规律及安全系数等信息与A、B 段相似，不再赘述。

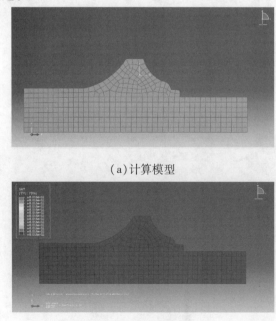

（a）计算模型

（b）墙体的饱和度

图 7-27　郑韩故城北城墙 C-01 断面天然工况下墙体稳定性分析

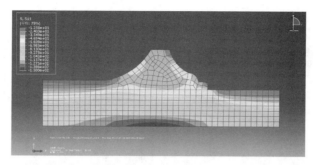

（c）墙体水平应力 S_{11}

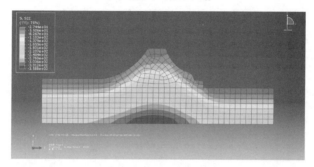

（d）墙体水平应力 S_{22}

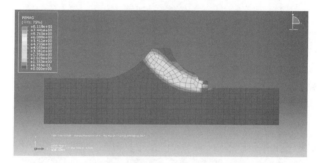

（e）墙体稳定性分析塑性面

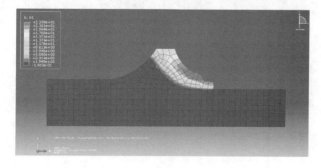

（f）墙体稳定性分析水平位移（破坏后）

续图 7-27

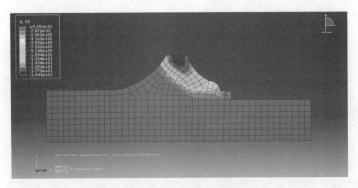

(g)墙体稳定性分析竖向位移(破坏后)

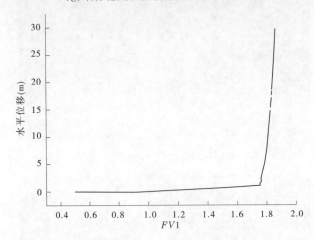

(h)安全系数 *FV*1 随水平位移的变化关系

续图 7-27

经过 24 h 暴雨级别的降雨之后,城墙孔压、饱和度、塑性区等分布见图 7-28。

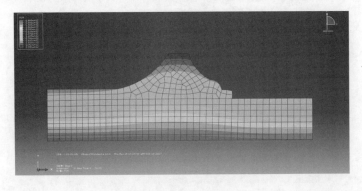

(a)墙体的孔压分布图

图 7-28　郑韩故城北城墙 C - 01 断面 24 h 强降雨工况下墙体稳定性分析

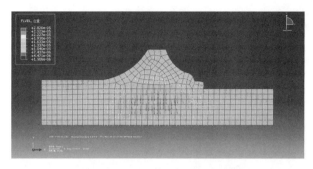

(b)墙体中雨水下渗的流速矢量图

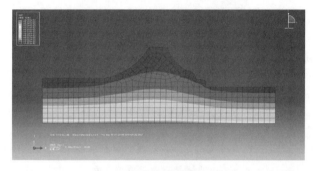

(c)墙体饱和度

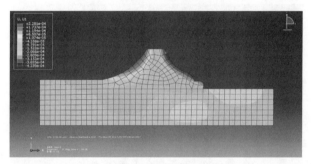

(d)墙体水平位移

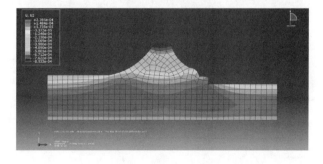

(e)墙体竖向位移

续图 7-28

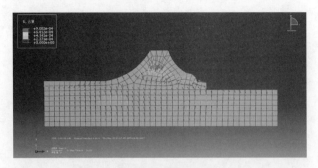

(f)墙体位移矢量图

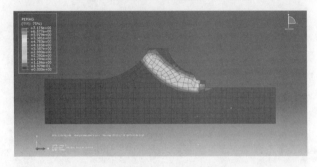

(g)墙体稳定性分析塑性面

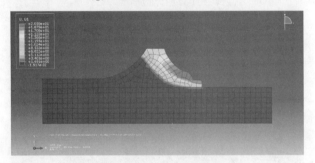

(h)墙体稳定性分析水平位移(破坏后)

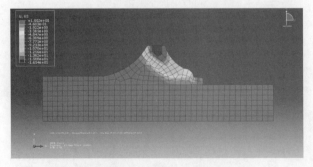

(i)墙体稳定性分析竖向位移(破坏后)

续图 7-28

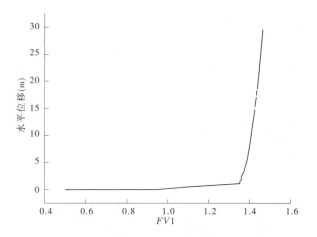

（j）安全系数 *FV*1 随水平位移的变化关系

续图 7-28

7.4.4.4　D-01

该断面天然工况下墙体稳定性分析见图 7-29。城墙本体入渗规律、饱和度变化情况、塑性区发展规律及安全系数等信息与 A、B、C 段相似，不再赘述。

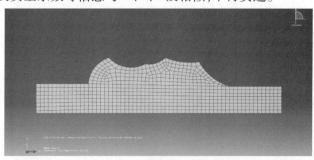

（a）计算模型

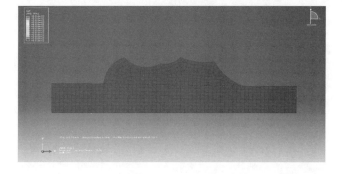

（b）墙体的饱和度

图 7-29　郑韩故城北城墙 D-01 断面天然工况下墙体稳定性分析

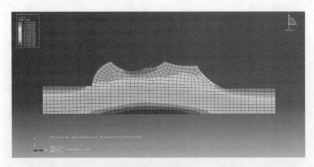

(c)墙体水平应力 S_{11}

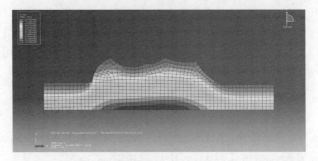

(d)墙体水平应力 S_{22}

(e)墙体稳定性分析塑性面

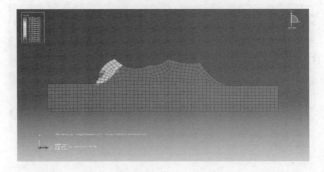

(f)墙体稳定性分析水平位移(破坏后)

续图 7-29

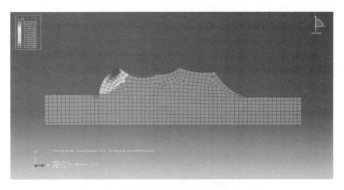

（g）墙体稳定性分析竖向位移（破坏后）

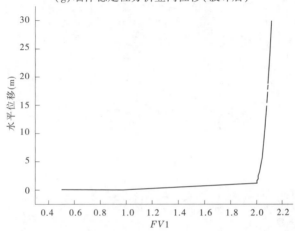

（h）安全系数 $FV1$ 随水平位移的变化关系

续图 7-29

经过 24 h 暴雨级别的降雨之后，城墙孔压、饱和度、塑性区等分布见图 7-30。

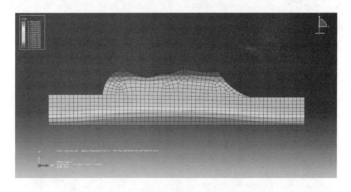

（a）墙体的孔压分布图

图 7-30　郑韩故城北城墙 D – 01 断面 24 h 强降雨工况下墙体稳定性分析

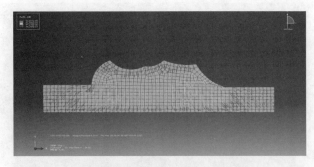

(b)墙体中雨水下渗的流速矢量图

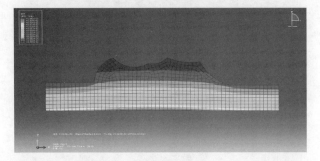

(c)墙体饱和度

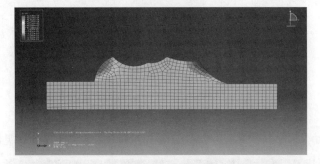

(d)墙体水平位移

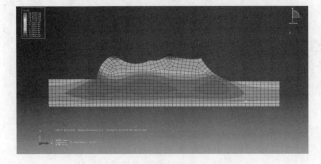

(e)墙体竖向位移

续图 7-30

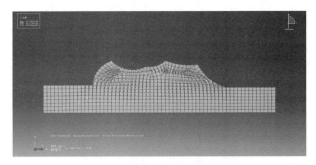

(f)墙体位移矢量图

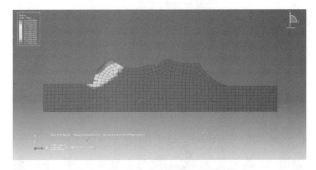

(g)墙体稳定性分析塑性面

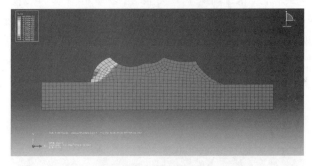

(h)墙体稳定性分析水平位移(破坏后)

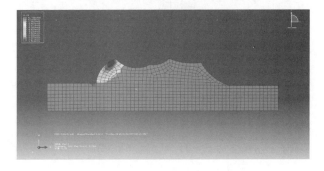

(i)墙体稳定性分析竖向位移(破坏后)

续图 7-30

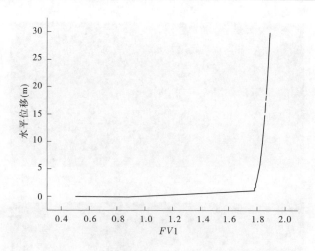

（j）安全系数 $FV1$ 随水平位移的变化关系

续图 7-30

7.4.4.5　E - 03

E - 03 为 E 段的第 3 个分段（天然工况下墙体稳定性分析见图 7-31），城墙 E - 03 段 1—1 剖面的基底宽为 26 m，高度为 5.88 m，此分段城墙东西两侧的坡度较大。此剖面北侧坡度较缓，存在 D 类病害（水土流失）、F 类病害（裂灌木植被）等诸多病害，在城墙的全长类比中具有较强代表性，能反映某些位置城墙的现状。城墙本体入渗规律、饱和度变化情况、塑性区发展规律及安全系数等信息与 A、B、C、D 段相似，不再赘述。

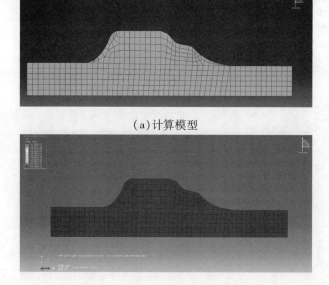

（a）计算模型

（b）墙体的饱和度

图 7-31　郑韩故城北城墙 E - 03 断面天然工况下墙体稳定性分析

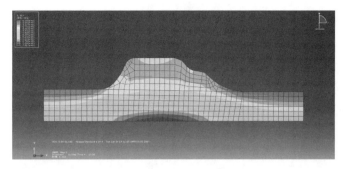

(c)墙体水平应力 S_{11}

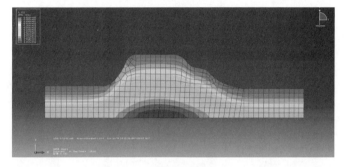

(d)墙体水平应力 S_{22}

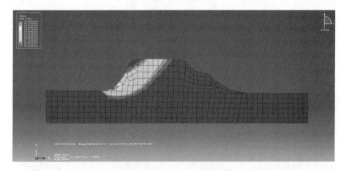

(e)墙体稳定性分析塑性面

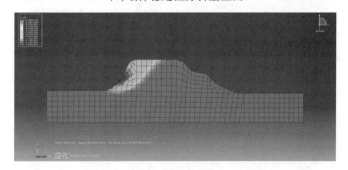

(f)墙体稳定性分析水平位移(破坏后)

续图 7-31

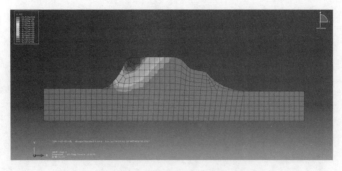

(g)墙体稳定性分析竖向位移(破坏后)

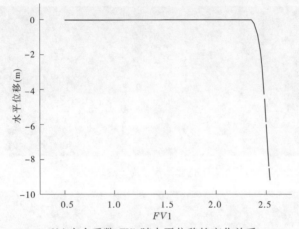

(h)安全系数 *FV*1 随水平位移的变化关系

续图 7-31

经过 24 h 暴雨级别的降雨之后,城墙孔压、饱和度、塑性区等分布见图 7-32。

7.4.5　数值模拟结果分析

图 7-33 给出了天然工况下 A ~ E 段城墙的安全系数分布图,可以看出:

A 段城墙高度为 12.24 ~ 17.23 m,安全系数为 1.60 ~ 1.85,各断面安全系数均大于 1.4;自西向东安全系数呈增大趋势。

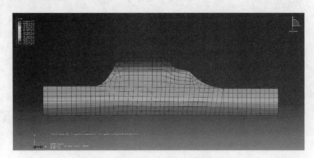

(a)墙体的孔压分布图

图 7-32　郑韩故城北城墙 E - 03 断面 24 h 强降雨工况下墙体稳定性分析

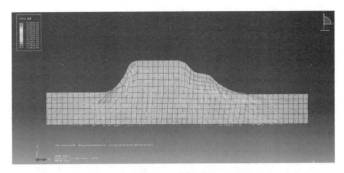

(b)墙体中雨水下渗的流速矢量图

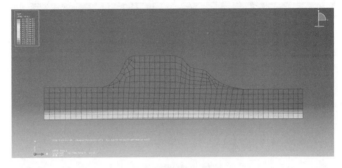

(c)墙体饱和度

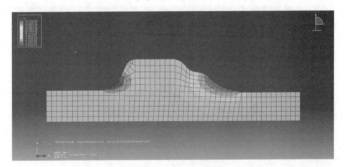

(d)墙体水平位移

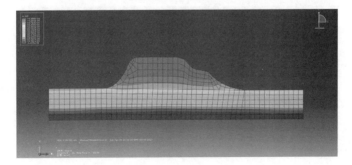

(e)墙体竖向位移

续图 7-32

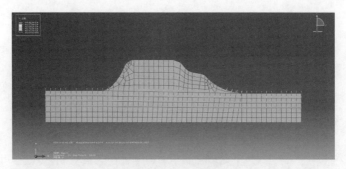

(f)墙体位移矢量图

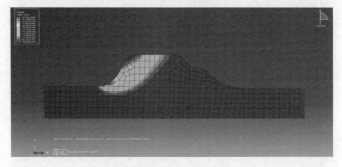

(g)墙体稳定性分析塑性面

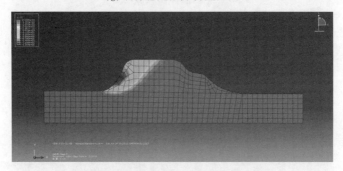

(h)墙体稳定性分析水平位移(破坏后)

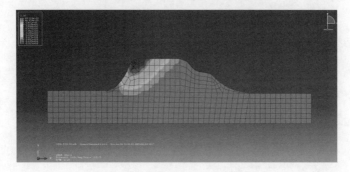

(i)墙体稳定性分析竖向位移(破坏后)

续图 7-32

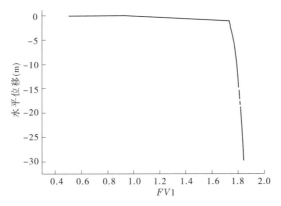

(j)安全系数 $FV1$ 随水平位移的变化关系

续图 7-32

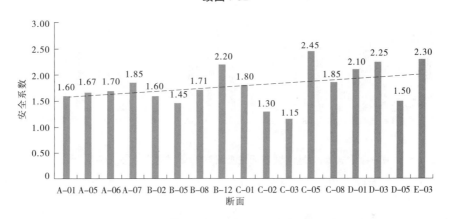

图 7-33　郑韩故城北城墙天然工况下安全系数

B 段城墙的安全系数 F_s 为 1.45 ~ 2.2,B - 12 段安全系数最大。

C 段城墙的平均安全系数是整个保护区段最低的,安全系数变化区间为 1.15 ~ 2.45,自西向东呈现下降趋势。

D 段城墙的平均安全系数是整个保护区段最大的,为 1.50 ~ 2.25。

E 段城墙的安全系数也相对较大,这主要是因为 E 段城墙基底较宽,高度较低,为 4.88 ~ 6.43 m。

整体而言,天然工况下 A ~ E 段城墙中 C 段安全系数最低,应特别注意 C 段城墙的保护修复工作,建议采取一定的加固措施。

图 7-34 给出了降雨之后城墙自西向东的安全系数分布图,降雨前后的变化规律如图 7-35 所示。

降雨后 A 段城墙的安全系数为 1.40 ~ 1.80,自西向东仍然呈上升趋势,但较降雨前安全系数最大降幅约 0.2。

降雨后 B 段城墙的安全系数为 1.30 ~ 1.80。B 段城墙不同高度处较宽的平台提高了坡体的稳定性。

降雨后 C 段城墙的安全系数仍然是整个郑韩故城北城墙段最低的,且较降雨前安全

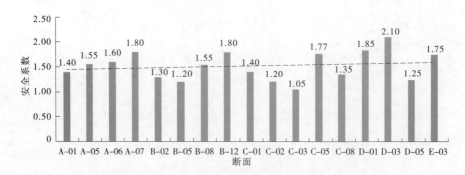

图 7-34　郑韩故城北城墙 24 h 强降雨后安全系数

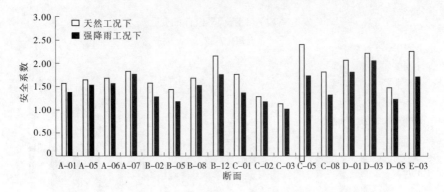

图 7-35　郑韩故城北城墙天然工况与 24 h 强降雨后安全系数对比

系数明显下降;自西向东仍呈下降趋势,其中 C-03 断面安全系数为 1.05,建议采取相关加固措施。

降雨后 D 城墙段安全系数仍是郑韩故城北城墙段中较高的,稳定性较好。其中,D-01 段与 D-05 段安全系数较 D-03 段小,主要是因为 D-01 段及 D-05 段城墙坡度较大(60°、75°)。

同样,降雨后 E 段城墙的安全系数仍然较高,也是由该段城墙的断面尺寸及角度等综合因素所决定。

对比降雨前后的安全系数可知,C-05 断面安全系数降低幅度最大,安全系数下降了27.26%,是整个郑韩故城北城墙所取断面中安全系数下降最大的一个断面。对比不同分段的安全系数下降幅度,A 段安全系数最大降幅为 12.50%,B 段安全系数最大降幅为18.75%,D 段安全系数最大降幅为 11.90%。所以,防护对策中应重点考虑 C 段城墙在雨季的保护措施。

此外,在强降雨工况下,A 段、B 段、C 段和 D 段城墙中,应特别注意 A 段、B 段、C 段和 D 段城墙中 A-01(1.40)、B-02(1.30)、B-05(1.20)、C-01(1.40)、C-02(1.20)、C-03(1.05)、C-08(1.35)和 D-05(1.25)段的保护修复工作。雨季的持续降雨入渗容易诱发墙体破损,保护加固时应考虑墙体周边的防排水措施。

另外,从非饱和渗透系数与饱和度的相关关系可以看出,城墙表层土的渗透系数是影响降雨入渗量的重要因素,对于城墙本体表面可采取加固和防护措施,降低强降雨对城墙的冲刷及表面径流对城墙的危害。

参 考 文 献

[1] 朱志铎,彭宇一,张文超,等.高等级公路粉土路基毛细水处治的试验研究[J].岩土工程学报,2011,33(S1):52-55.

[2] 铁道第一勘察设计院.铁路工程土工试验规程:TB10102—2004[S].北京:中国铁道出版社,2004.

[3] 中华人民共和国国家标准编写组.土工试验方法标准:GB/T 50123—1999[S].北京:中国计划出版社,1999.

[4] 交通部公路科学研究院.公路土工试验规程:JTG E40—2007[S].北京:人民交通出版社,2007.

[5] 中华人民共和国国家质量监督检验检疫总局.压汞法和气体吸附法测定固体材料孔径分布和孔隙度:GB/T 21650.1—2008[S].北京:中国标准出版社,2008.

[6] 陕西省计划委员会.湿陷性黄土地区建筑规范:GB 50025—2004[S].北京:中国建筑工业出版社,2004.

[7] 刘奔放.强弱膨胀土胀缩变形特性的试验研究[D].成都:西南交通大学,2018.

[8] 谷端伟,原俊红.土工试验教程[M].北京:人民交通出版社,2014.

[9] 陈晓平,钱波.土力学实验[M].北京:中国水利水电出版社,2011.

[10] 孟云梅.土力学试验[M].北京:北京大学出版社,2015.

[11] 童第科,冯登,黄诗渊,等.压实土体崩解特性的试验研究[J].科学技术与工程,2018:18(15),129-136.

[12] 姬雪竹.压实土体崩解特性试验研究[D].重庆:重庆交通大学,2017.

[13] 侯龙清,黎剑华.土力学试验[M].北京:中国水利水电出版社,2012.

[14] 任克彬,王博,李新明,等.毛细水干湿循环作用下土遗址的强度特性与孔隙分布特征[J].岩土力学,2019,40(3):962-970.

[15] 黄军朋,张景科,王南.土遗址用变径木锚杆锚固机理数值模拟研究[J].土木建筑与环境工程,2018,40(2):32-39.

[16] 陈晓宁.露天土遗址热劣化监测与模拟研究[D].兰州:兰州大学,2014.

[17] 王彦武.青海省湟中县加牙烽燧遗址锚固的数值模拟研究[D].兰州:兰州大学,2013.

[18] 张海锋.基于随机有限元的土遗址结构安全评估研究[D].西安:西安建筑科技大学,2010.

[19] 任克彬,王博,李新明,等.低应力水平下土遗址力学特性的干湿循环效应[J].岩石力学与工程学报,2019,38(2):376-385.

[20] 马建平.西北粉土遗址修复材料的改性试验及其力学特性模拟[D].西安:长安大学,2018.

[21] 张虎元,杨龙,刘平.夯土遗址表层热劣化模拟试验研究[J].湖南大学学报(自然科学版),2018,45(3):149-156.

[22] 杨永林,杨超,丁吉峰.TLS 技术在大福殿遗址变形监测中的应用[J].兰州交通大学学报,2019,38(1):99-102.

[23] 丁吉峰,廖东军,杨超,等.三维激光扫描技术在土遗址变形监测中的应用[J].北京测绘,2017(S1):164-167.

[24] 白成军.三维激光扫描技术在古建筑测绘中的应用及相关问题研究[D].天津:天津大学,2007.

[25] 高国瑞.近代土质学[M].北京:科学出版社,2013.

[26] 谭罗荣,孔令伟.特殊岩土工程土质学[M].北京:中国科学出版社,2006.

[27] 朱银红,蒋亚萍,刘宝臣.土力学土质学试验指导[M].北京:中国水利水电出版社,2010.

［28］ 谢康和,周健.岩土工程有限元分析理论与应用［M］.北京:科学出版社,1900.

［29］ 施振飞,陆风才.岩样核磁共振分析及复杂储层综合评价［M］.北京:中国石化出版社,2015.

［30］ 施明哲.扫描电镜和能谱仪的原理与实用分析技术［M］.北京:电子工业出版社,2015.